LES

ÉTUDES DE MAITRE PIERRE

Paris. — Imp. PILLOY, boul. Pigalle, 50

LES

ÉTUDES DE MAITRE PIERRE

L'AGRICULTURE ET LES FORÊTS

Par M. ANTONIN ROUSSET

Sous-inspecteur des forêts.

Ouvrage couronné par l'Académie des Arts, Sciences et Belles Lettres
d'Aix, dans sa séance du 8 mars 1863.

> La nature a une seule loi harmonique dans laquelle
> tout s'enchaîne et se coordonne, pour assurer la plus
> grande production possible, et dont l'application constitue
> la véritable agriculture

PRIX : 1 FRANC

PARIS

LIBRAIRIE AGRICOLE DE LA MAISON RUSTIQUE

26, RUE JACOB, 26

1864

Nous ne saurions mieux faire connaître le sujet, le but et l'utilité de cette publication que ne l'a fait M. Charles de Ribbes, avocat, dans le rapport qu'il a présenté à l'Académie d'Aix.

RAPPORT

SUR LA QUESTION FORESTIÈRE

MISE AU CONCOURS PAR L'ACADÉMIE D'AIX. *

Messieurs,

La question forestière, proposée comme sujet de prix en 1859, remise au concours en 1861, n'aura pas été en vain l'objet des sollicitudes de l'Académie et le but d'un appel opportun fait à l'opinion.

Trois Mémoires avaient été présentés au concours de 1859-60. Quatre l'ont été au nouveau concours : quatre travaux d'un mérite très-inégal, mais où se mani-

* Lu dans la séance publique de l'Académie d'Aix, du 8 mars 1863.

feste l'heureux symptôme de ce réveil de l'opinion, sans lequel on ne fonde rien de durable.

Votre Commission, avant de se livrer à un examen de détail, a dû faire un premier classement comparatif des Mémoires. Une œuvre de la nature de celle que nous avions demandée, œuvre d'enseignement populaire plus que de théorie ou de haute controverse, exigeait d'abord la sérieuse compréhension, ensuite la réalisation fidèle du but à atteindre. Comment les auteurs ont-ils envisagé ce but.

Nous avons eu le regret d'avoir à écarter deux Mémoires ou trop insuffisants, ou trop conçus dans un esprit de système. L'Académie avait cependant énoncé une formule claire, nette, précise : — « *Exposer dans un écrit succint, méthodique et pratique, adressé sous forme de conseils aux propriétaires, particuliers ou communes, et même aux simples cultivateurs, comment la conservation des bois se lie en Provence plus encore que dans les autres régions du territoire français aux vrais intérêts de l'agriculture.* » Un programme très-developpé achevait de fixer la marche à suivre, en empêchant les écarts de l'imagination. L'Académie, disions-nous, voulait un écrit succint, afin qu'il fût lu ; méthodique, afin qu'étant lu il le fût avec fruit ; pratique, en sorte que des faits positifs et concluants montrassent en quoi et comment la végétation des montagnes n'est pas seulement un plaisir de nos yeux, mais une nécessité providentielle. Point de théories hasardées, point de systèmes fondés sur de pures hypothèses, point de ces déclamations qui sont d'inutiles hors-d'œuvre... Deux des concurrents ont trop oublié ces sages recommandations,

. . . .

Le Mémoire n° 1 est digne de nos sympathies ; il ne saurait obtenir nos suffrages, en tant qu'œuvre pratique. On y trouve groupées des considérations utiles sur l'économie agricole et forestière, une intéressante nomenclature des plantes et des arbres : mais elles ne sont vraiment qu'accessoires. La donnée du travail pèche par la base, le style est trop pompeux et aurait besoin de corrections.

Restent les Mémoires n°s 2 et 3, les seuls qui, aux yeux de votre Commission, aient tenu compte des exigences du programme. C'est entre eux que la comparaison a pu et dû s'établir.

Il ne faudrait pas juger du Mémoire n° 2 par son titre : *Le bois est comme la barbe, plus on le coupe plus il repousse*. Ce principe, mis en tête d'un livre de propagande, serait vraiment désastreux, si l'auteur, par une contradiction heureuse, n'avait employé plus de quarante pages à le réfuter.

Mais oublions le titre et allons droit à l'ouvrage lui-même. Il est excellent sous bien des rapports. Ce n'est pas un théoricien qui parle, qui pose et prône les combinaisons d'un système dont il est l'inventeur. C'est un propriétaire racontant simplement ce qu'il a vu et ce qu'il a fait. Il a fait beaucoup et il a bien fait. Il avait des débris de bois soumis à un ébranchage périodique pour fournir de la ramée ; il possédait des futaies de chênes ruinées, de vastes surfaces où un parcours sans règle détruisait peu à peu toute végétation.—Quels procédés a-t-il employés pour le reboisement et le gazonnement? Le plus efficace, le plus économique a été le recepage. Les vieilles souches rachitiques donnant quelques rejets cent fois dévorés par les moutons, les plus petits brins, provenant d'un gland, ont été taillés avec soin entre deux terres ; rien n'a été négligé, tout a été l'objet d'une inspection scrupuleuse. Un premier recepage a fait couvrir le sol d'une nouvelle végétation ; un second, exécuté après neuf ans, a eu le double avantage de fournir du bois pour la ramée et de rendre le repeuplement plus serré. La vente du vieux bois et des jeunes branches a payé les frais. Autrefois, le sol était nu, si nu, dit l'auteur, « qu'à cinquante pas, on aurait vu courir une bellette. » Vingt ans s'étaient à peine écoulés, et un homme debout se serait caché, il aurait été invisible dans l'épaisseur du fourré. L'opération a eu ensuite ce résultat qu'un herbage précieux a cru là où il ne semblait pas y avoir une seule plante. Et l'auteur d'ajouter : — « Mais il ne faudrait pas y revenir périodiquement au même âge ; la souche en serait vite épuisée. » En présence de cette conclusion, que signifie l'aphorisme du début ?

Le propriétaire, si soucieux de la bonne venue de ses bois, ne l'a pas été moins de l'amélioration de ses pâturages. Il a pratiqué le gazonnement avec un égal succès. Là encore, il n'a eu qu'à observer et à aider la nature. C'est à lui qu'on doit non la découverte, mais l'emploi d'une des plantes agrestes, croissant sur les montagnes de la Provence, et dont la racine vivace résiste le mieux

à la sécheresse : le *Psoralier bitumineux.* Il en a
cueilli de la graine, il a répandu cette graine dans les
terrains vagues et dans les coupes, et ainsi il a ménagé
à ses troupeaux une alimentation suffisante sur des es-
paces limités. Son Mémoire n'est que la mise en scène
de ses expériences, au nombre desquelles nous cite-
rons celles des barrages économiques construits en tra-
vers des ravins. L'entretien commence et se poursuit
entre le propriétaire et un paysan nommé Joseph qui
doit devenir son homme de confiance. Le propriétaire
absorbe tout l'intérêt du récit ; lui seul il disserte, il dis-
cute ; il a l'autorité, et on sent qu'il l'exerce. Joseph
hasarde de temps en temps quelques objections, et, en
somme, il écoute beaucoup pour ensuite tout approuver.

Le Mémoire contient des traits piquants et bien propres à soutenir l'intérêt du lecteur. — « Si je supporte
le mouton, y est-il dit, je réprouve complétement la
chèvre et je la voue à toutes les malédictions. »

Les chèvres devront être proscrites. « Les seuls qui en
souffriront seront nos élégants qui se ganteront avec des
peaux d'agneaux et non avec des peaux de chevreaux.»

Cependant, les qualités du Mémoire n° 2 ne peuvent
faire oublier certains défauts. Il est absolu, par exemple,
dans ses théories de physiologie végétale, quelquefois
un peu hasardé dans ses expédients de pratique forestière. Il ne sort pas de limites restreintes ; il ne traite
que d'une essence forestière, le chêne, et il s'occupe
beaucoup plus de la régénération des taillis que du reboisement en général. Est-il bien vrai que de vieilles
souches puissent, dans la plupart des cas et sous le so-

leil du Midi, donner naissance à un taillis vigoureux et serré? La reproduction par les racines du chêne blanc n'est-elle pas une exception? Et ne seraient-ce pas les glands qui, après avoir germé sur le sol remué, auraient produit le fourré du nouveau taillis ?

L'auteur a, du reste, le soin de le constater lui-même :

« Les résultats que j'ai obtenus sont palpables ; réalisés sur de petites surfaces, ils n'ont que l'autorité d'essais. »

Essais excellents, avons-nous dit, comme le travail qui les raconte. Nous ne pouvions que nous applaudir, en lisant ce Mémoire, d'avoir fourni à l'auteur l'occasion de les faire connaître. Mais nous ne pouvions nous dissimuler en même temps que le programme de l'Académie n'était pas complétement rempli, qu'il y avait là une solution pour un cas spécial, mais non pour les besoins multiples et les nombreuses exigences de l'économie forestière.

Le Mémoire n° **3** nous a semblé, par l'ensemble de ses qualités, mieux répondre au but et à l'esprit du programme. Il y répond mieux et de deux façons. — Les méthodes, d'abord, sont générales, elles s'appliquent à toutes les variétés de situation dans la haute, la moyenne et la basse Provence. Le travail, s'il nous est permis d'employer cette expression, est plus classique, et on n'y trouve rien qui ne soit d'accord avec les doctrines les plus saines, avec les leçons de l'expérience.

L'auteur, qui s'est servi de la forme populaire du

dialogue, lui a été plus fidèle que celui du Mémoire n° 2. Un instituteur, un maire, un paysan sont mis en présence ; en eux se personnifient la diversité et l'opposition des intérêts sur les points les plus délicats de la question forestière. Le paysan, maître Pierre, commence par se montrer incrédule, intraitable ; cela est dans les nécessités de son rôle et on devrait s'étonner s'il n'en était pas ainsi. Les paysans, surtout dans le Midi, ont-ils seulement l'idée qu'il faille aménager le sol forestier, et là-dessus beaucoup de propriétaires ne leur ressemblent-ils pas ? L'instituteur est l'homme de la raison aux prises avec l'homme de la routine. Il emploie à éclairer maître Pierre moins la science que les faits bien observés, moins de longues argumentations que son bon sens et son bon vouloir. Une série de dialogues s'engage dans lesquels il explique à son interlocuteur quelle est l'utilité des bois, quels sont leur rôle en agriculture, les règles de leur conservation et de leur exploitation économique. Un chapitre spécial, mais encore incomplet, traite des forêts par rapport aux torrents et aux terrains en pente. On y voit déterminés les principes qui, selon l'inclination et la configuration du sol, appellent soit la culture des céréales, soit la plantation d'arbres à fruits, le gazonnement ou le reboisement. L'exercice du pâturage est l'objet de sages conseils, et les hostilités soulevées par les communes contre un régime tutélaire y trouvent des appréciations trop justes, dont la forme seulement pourrait être adoucie. — Maître Pierre est d'abord rebelle aux leçons qu'on lui donne, il est plein de préjugés et il les exprime.

L'évidence des faits finit néanmoins par le convertir.

Les dialogues sont entremêlés de courtes maximes qui leur prêtent un nouveau relief et en résument les conclusions d'une manière saisissante. Vous allez en juger :

> Il faut cultiver son terrain
> Suivant sa pente et sa nature ;
> En haut du bois, ici du grain,
> Là du gazon pour la pâture...
> Et surtout ne jamais semer
> Que le terrain qu'on peut fumer
>
> Si tu veux du blé, fais des prés,
> L'herbe fait l'engrais, l'engrais fait le blé
> Ainsi le fumier remplit le grenier.
>
> Les bois gardent l'eau.
> L'eau fait les prés ;
> Les prés, les troupeau,
> Le troupeau, l'engrais ;
> Et l'engrais, le blé.

Nous reconnaisons là l'auteur d'un des Mémoires qui avait fixé notre attention au précédent concours. En comparant son œuvre d'aujourd'hui avec celle d'alors, nous sommes heureux de signaler des améliorations nombreuses, de louer un travail plus complet et presque entièrement transformé. Nous ne le jugeons pas ici en détail, nous nous bornons à marquer ce qui le distingue. Est-ce à dire maintenant qu'il soit parfait, qu'il n'offre ni défauts, ni lacune? Non, sans doute, et l'auteur, sur plus d'un point, aura à retrancher ou à ajouter (1).

(1) Nous avons, en effet, beaucoup retranché et ajouté quelquefois pour satisfaire aux vœux de M. le rapporteur, qui nous permettra de le remercier ici de ses excellents conseils et de ses justes critiques.

Telles qu'elles sont, les *Etudes de maître Pierre* ont cependant un mérite réel; améliorées encore, elles seront de nature à produire un très-grand bien dans les populations rurales, en y répandant les principes essentiels de la conservation forestière.

Votre Commission, Messieurs, après s'être livrée à l'examen approfondi des Mémoires présentés au concours, a jugé unaniment que le Mémoire n° 3 était digne du prix de 300 fr. et elle vous propose de lui décerner. Il est l'œuvre de M. Antonin Rousset, garde général des forêts à Autun.

Et d'un autre côté, considérant toute la valeur du Mémoire n° 2, bien qu'il ne réponde pas complétement aux données du programme, elle est d'avis que vous lui accordiez une mention très-honorable. Son auteur est un agronome distingué, M. Lodoix de Gombert, propriétaire à Sisteron (Basses-Alpes). Le Mémoire n° 2, un peu modifié dans certaines de ses parties, sera publié avec fruit, et beaucoup de ses conseils trouveront sans doute des imitateurs chez les propriétaires intelligents de la Provence.

Je viens, Messieurs, de mettre fidèlement sous vos yeux les titres des deux Mémoires aux suffrages de l'Académie. Souffrez que je termine par quelques réflexions.

Les circonstances sont bonnes pour donner à une œuvre de réforme et de propagande forestière, en Provence, toute la portée, tout l'intérêt qu'elle doit avoir. Voyez, en effet. Le temps n'est plus où l'on en était réduit à exprimer des plaintes et à formuler des vœux.

De la sphère des théories, la question du reboisement est descendue dans celle des applications pratiques. Une loi a été votée, un crédit de plusieurs millions a été ouvert, des sommes considérables vont être employées annuellement à préparer et à ménager toutes les améliorations possibles du sol montagneux; et nos Alpes obtiennent d'un seul coup ce qu'elles sollicitaient en vain depuis un demi-siècle.

N'est-ce pas le moment ou jamais de tenter un effort, de faire éclater au grand jour les principes de solidarité qui unissent l'agriculture et la sylviculture, de susciter, en vue de cette union, l'essor de l'initiative individuelle? Et lorsqu'on suit, d'année en année, la progression du mal dans les Basses et Hautes Alpes, ne comprendra-t-on pas enfin que l'intérêt des propriétaires, particuliers ou communes, se lie à une entreprise ayant pour but l'intérêt général du pays?

Celui qui écrit ces lignes était naguère le témoin émerveillé, et j'ose dire ému, de ce qui est devenu possible ailleurs dans une situation en apparence non moins désespérée. Qui de vous, Messieurs, n'a entendu parler des Landes, de leurs sables, de leur marais, de leurs dunes mouvantes et toujours plus menaçantes? Qui n'a lu les descriptions des voyageurs sur la stérilité absolue et la dépopulation fatale des immenses territoires s'étendant aux bords de l'Océan, des embouchures de la Gironde à celles de l'Adour?

La Lande nue, désolée, dénudée, présentait un spectacle semblable à celui de nos Alpes, avec le contraste des situations. Les conditions de sol et de climat étaient très différentes ; les effets étaient les mêmes. Ici les eaux entraînent et portent à la mer une terre précieuse, là elles la submergeaient et la rendaient improductive. Aux bords du golfe de Gascogne, l'ennemi est dans l'invasion des sables ; sur les versants des Alpes, il est dans celle des graviers.

Les effets étaient les mêmes, par des causes et sous des formes très-opposées. Des deux côtés il y avait à vaincre moralement, sinon matériellement, les mêmes obstacles. On ne s'est pas laissé rebuter par ces difficultés dans les Landes ; et aujourd'hui un tableau bien fait pour inspirer un légitime orgueil fournit la démonstration éclatante de la puissance providentielle accordée à l'homme sur la nature.

Il m'a été permis de la contempler de près cette transformation de tout un pays. Il m'a été donné de voir, de toucher du doigt comment une persistante et courageuse initiative a fait servir les moyens les plus simples à créer la vie, là où une triste nature offrait l'image de la mort. 60,000 hectares de dunes boisées et consolidées, 700,000 hectares de landes destinées à être, en quelque sorte, le réservoir inépuisable des plus nombreuses richesses forestières ; le pin maritime croissant comme par enchantement au milieu des sables et leur assurant une valeur que n'ont pas chez nous les meilleures terres ensemencées en céréales ; les capitaux se disputant ce sol jusqu'à ce jour déshérité pour l'assainir, le féconder et le peupler ; et tout cela dû au vouloir humain qui a poursuivi et réalisé un système élémentaire de plantations et d'assainissement ! Tout cela obtenu, ma'gré une incrédulité presque générale, dont les efforts de la science (1), éclairée par l'expérience, on tfini par triompher!

Nous n'avons pas à assainir, à drainer nos montagnes. Leurs pentes ne laissent que trop un passage libre à la violence des eaux torrentielles. Mais nous avons à les consolider et à leur rendre leur destination nécessaire par la création économique de bois et de pâturages auxquels l'établissement soit des chemins de fer, soit des canaux, donnera toute leur valeur. Nous avons, dans ce but, à seconder les applications nouvelles de la loi, les généreux appels de l'administration; nous devons stimuler et susciter une initiattve individuelle et communale, privée et collective. Il nous faut éclairer les populations sur leurs véritables intérèts, sur les causes de leurs malheurs. L'entreprise est plus difficile que dans les Landes, mais elle n'est pas impossible. Les faits l'ont déjà démontré.

L'Académie d'Aix a essayé de provoquer ce réveil en mettant au concours le sujet de prix qui avait pour objet un enseignement à la fois agricole et forestier à donner aux classes rurales.

Charles de Ribbes.

(1) Cette œuvre de transformation des Landes de la Gascogne sera la gloire et l'honneur d'un ingénieur distingué, M. Chambrelent, qui, joignant la pratique à la théorie, a obtenu les plus beaux résultats sur son domaine de Saint-Alban, commune de Cestas, près de Bordeaux.

LES

ÉTUDES DE MAITRE PIERRE

PREMIER DIALOGUE

—

De la culture rationnelle des terrains.
Principes agricoles.

> Il faut cultiver son terrain
> Suivant sa pente et sa nature ;
> En haut du bois, ici du grain,
> Là du gazon pour la pâture...
> Et surtout ne jamais semer
> Que le terrain qu'on peut fumer.

MAITRE PIERRE saluant.

Monsieur l'instituteur...

L'INSTITUTEUR.

Hé, bonjour, maitre Pierre ;
D'où vous vient aujourd'hui cet air sombre et sévère,
Et ce visage enfin plus pâle qu'un... fermier
Qui ne pourrait payer son fermage en entier.

Votre propriétaire voudrait-il vous augmenter ?

MAITRE PIERRE. — Au contraire : me diminuer, en en-
levant à ma pâture le coteau du Roucas, qu'il entend

reboiser. « Il n'en coûtera rien, dit-il, c'est la loi! » Le garde y viendra. Comment pourrai-je alors engraisser mes moutons? Je suis ruiné!

L'INSTITUTEUR. — Voilà bien toujours le cri de la routine menacée par le progrès, de l'intérêt privé en lutte avec l'intérêt général!

MAITRE PIERRE. — Que m'importe l'intérêt général, si le mien périclite; chaque année, sur ce coteau, j'engraissais de 20 à 25 moutons qui me donnaient chacun 5 ou 6 francs de bénéfice; maintenant, qu'y récolterai je?.... des procès-verbaux, si mon troupeau s'écarte !

L'INSTITUTEUR. — Maître Pierre, jusqu'à présent je vous avais cru un homme de sens, un bon cultivateur, et je ne vous comprends pas à vous entendre raisonner de la sorte.

Vous rappelez-vous le jour où vous m'avez confié votre fils : « Vous vous priviez d'un aide, son éducation devait vous coûter cher, mais vous ne regrettiez pas l'argent. Il est intelligent, c'est un placement, disiez-vous. » Il en est de même de ce coteau que votre propriétaire enlève à vos moutons; *c'est un placement :* et vous en retrouverez p'us tard les produits avec des bénéfices si variés et si nombreux, que vous seriez le premier à vouloir le reboiser, si vous pouviez vous en rendre compte.

MAITRE PIERRE. — Comment voulez-vous me faire croire une chose pareille, alors que tout le monde dit et fait le contraire.

L'INSTITUTEUR. — Votre tout le monde n'y entend rien alors.

MAITRE PIERRE. — Non, voyez-vous, le mieux serait, à mon idée, d'ensemencer ce coteau en bon froment; — en cultivant ainsi tous les terrains, on serait du moins assuré d'avoir du pain.

L'INSTITUTEUR. — Du blé, voulez-vous dire ? mais de là au pain tout cuit, il y a la machine à vanner, le moulin, le pétrin et le four. — Pour faire les uns et chauffer l'autre, il faut du bois, de même, pour la charrette qui le transporte, la maison qui le conserve et la charrue qui le met en terre.

Du bois, toujours du bois; mort ou vif, le bois est un des plus précieux produits de la terre : tout le monde, dit-on, a plus d'esprit qu'un seul, il y a cependant quelqu'un qui a plus d'esprit que tout le monde, c'est Dieu ! c'est la nature, et ce n'est pas sans raison que sa main prévoyante a répandu les bois sur tous les pays.

Il en est d'ailleurs des terres comme des intelligences; elles ne sont pas toutes propres aux mêmes semences, et il ne faut pas les cultiver aveuglément : Pourquoi n'avez-vous pas fait un agriculteur de votre plus jeune fils?

MAITRE PIERRE. — Parce qu'à la différence de l'aîné, qui aime la culture, il a le goût de l'étude et des dispositions à réussir dans le commerce.

L'INSTITUTEUR. — Il me semble cependant, qu'en bon père, vous auriez dû les faire *étudier* tous les deux ; à force de travail et de temps, l'aîné aurait pu acquérir de l'instruction.

MAITRE PIERRE. — Sans doute ! mais je ne suis pas assez riche pour les mettre tous les deux dans le commerce; et, à faire un sacrifice, j'ai choisi celui qui pouvait le mieux en profiter.

L'INSTITUTEUR. — Comment se fait-il que vous raisonniez si bien comme père, et si mal comme agriculteur?

MAITRE PIERRE. — Que voulez-vous dire? est-ce qu'il y a à comparer les hommes à la terre qui est partout la même et produit ce qu'on veut.

L'INSTITUTEUR. — Pas toujours! telle produit du bon blé qui ne pourrait faire un bon pré.

MAITRE PIERRE. — Où voulez-vous en venir?

L'INSTITUTEUR. — A vous prouver que les terres ne sont pas toutes les mêmes, et que pour les cultiver, avec profit, il faut savoir discerner et étudier leurs aptitudes et ne pas confier aveuglément à toutes, la semence la plus productive.

Regardez autour de vous : la nature a suivi, dans la disposition des végétaux, une de ces lois immuables que l'on ne viole pas impunément. A chaque production, elle a assigné le sol, la situation, l'exposition et le climat le plus favorable. Si la terre avait été *plane*, partout la même et partout également exposée aux mêmes influences atmosphériques, il n'y aurait eu qu'une *seule* espèce de végétaux; mais puisqu'il n'en est pas ainsi et que la *diversité* est la règle générale, il faut *varier* les cultures suivant la force et l'aptitude de chaque terrain.

Vous avez des vallées, des versants et des plaines. Les vallées, renfermant les meilleures terres, presque toujours arrosables, présentent d'excellentes conditions pour recevoir et conserver les engrais. N'est-il pas évident qu'on doit réserver les vallées pour les prairies, les cultures maraichères et épuisantes qui veulent de l'eau et des engrais ?

Les plaines et les plateaux offrent presque les mêmes avantages, moins l'irrigation ; il faut dès lors y appliquer une culture qui s'en passe : les céréales n'en ont pas besoin ; vous y ferez des céréales.

Reste les versants. Si la pente est faible, ils participent des vallées, et des plateaux ; par conséquent mêmes cultures : les arbres fruitiers, les racines, et les plantes industrielles, y viendront aussi très-bien.

L'inclinaison est-elle forte ? on n'y trouve plus alors qu'une faible couche de terre végétale sans cesse lavée par les pluies, et par cela même exposée à perdre son engrais. Les récoltes auxquelles le fumier est nécessaire ne sauraient donc y réussir.

Suivant l'exposition et la situation, on pourrait, il est vrai, surtout si elles sont gazonnées, réserver les pentes comme prairies naturelles sèches, à la condition que les troupeaux n'y soient pas en tout temps sans règle ni mesure. Mais, en général, il vaut mieux les boiser ; les arbres y viendront à merveille : la disposition étagée qu'ils y trouveront leur procurera mieux l'air et la lumière dont ils ont besoin. Et admirez ici le parfait équilibre de toutes choses ; ces bois rendront en service à ces côteaux les avantages qu'ils en retireront, en les défendant contre l'action destructive des pluies et en les fertilisant par l'engrais de leurs feuilles mortes.

Il en est des terrains, mon cher Pierre, comme des intelligences ; ils ont comme elles, si l'on peut ainsi dire, leur *vocation*, qu'il est toujours plus ou moins dangereux de forcer ou de méconnaître.

La meilleure méthode agricole sera donc celle qui, en tenant compte des *aptitudes*, appropriera le mieux la semence et l'exploitation à la nature des terrains, de manière à utiliser le plus possible leur force productive, sans épuiser leur fécondité.

Si générales qu'elles soient, ces règles ne sont cependant pas absolues ; elles doivent être modifiées suivant le climat, la situation, l'exposition et les travaux.

Telle est la loi de la *diversité des cultures*, dont la violation entraîne d'abord la diminution des bénéfices et ensuite la dilapidation des engrais. En voulez-vous la preuve : supposez un pays où l'on cultivrait sur *tous* les terrains, la même semence : qu'arrivera-t-il ? c'est que l'abondance des mêmes produits, encombrant les marchés, en entraînerait l'avilissement, et chacun y perdrait ; en employant, d'autre part, sans discernement les engrais sur *toutes* les terres, on s'exposerait à priver les unes de ce qu'on prodiguerait inutilement aux autres.

Voilà pourtant ce que font ceux que l'appât d'un gain momentané aveugle, au point de traiter les terrains en pentes rapides comme les autres : qu'en résulte-t-il ? C'est qu'on entretient à peine la fertilité des bons sols ; les terrains médiocres ne s'amendent pas et ce qu'on fait pour les mauvais ne sert à rien. Quel genre d'amélioration espère-t-on obtenir ?

Le fumier manque, dit-on, alors. Il ne manquerait

pas (1) si l'on n'ensemençait que ce qu'on peut fumer à fond. Mais pourquoi, bonnes gens, perdre votre temps, votre fumier et votre peine à cultiver sur vos terrains ce qui ne saurait y bien réussir? Pourquoi ne pas les améliorer en les reboisant ? leur exploitation ne serait pas alors grevée de frais inutiles.

Laissez donc les sols médiocres en pâtures; boisez les mauvais ; concentrez toutes vos ressources sur les champs fertiles et rappelez-vous que s'il faut demander à la terre tout ce qu'elle peut donner, on ne doit pas cependant sacrifier toutes les productions au profit d'une seule. En un mot, c'est par une culture intelligente, bien appropriée au sol, et améliorante par les engrais (2), qu'on peut seulement obtenir des récoltes fructueuses sans épuiser la fécondité des campagnes.

Il faut user et non abuser. Mais l'impatience de la cupidité l'emportera toujours sur la sagesse! la vieille histoire de la poule aux œufs d'or est toujours nouvelle: on tue souvent le capital à vouloir trop de profits.

MAITRE PIERRE. — Pour quelqu'un qui n'en fait pas son métier, vous raisonnez assez bien la culture. Mais que voulez vous? les anciens faisaient ainsi, et nous suivons leurs principes; on ne change pas, dans un jour, les habitudes des campagnes.

L'INSTITUTEUR. — Voilà le grand argument de la routine : Je fais comme mon père ; et l'on croit ainsi avoir tout justifié. Mais si votre père était un ignorant ou un

(1) Voir note A, § 1.
(2) Voir note A, § 2.

idiot, êtes-vous obligé d'être un sot ou un imbécile ? Vous vous prévalez de l'exemple de vos ancêtres; mais songez qu'ils faisaient du mieux qu'ils pouvaient et savaient. Imitez-les dans leurs efforts vers *ce mieux*, au lieu de suivre leurs vieux procédés ; et comprenez ce que vous enseigne le grand livre de la nature.

MAITRE PIERRE. — Il faut d'abord savoir y lire.

L'INSTITUTEUR. — Qu'à cela ne tienne ; je vous en apprendrai au moins, si vous voulez, les premières lettres ; venez me voir, le dimanche, au lieu d'aller au cabaret.

MAITRE PIERRE. — Tous les jours, même.

L'INSTITUTEUR. — Non. Le dimanche suffira : c'est le jour du Seigneur ; ce sera le bien employer que d'en étudier les lois dans ses œuvres. En attendant, retenez bien ceci :

Il faut cultiver son terrain
Suivant sa pente et sa nature ;
En haut du bois, ici du grain,
Là du gazon pour la pâture...
Et surtout ne jamais semer
Que le terrain qu'on peut fumer.

DEUXIÈME DIALOGUE

De l'écobuage et de la culture des terrains en pente.

Si tu veux du blé, fais des prés ;
L'herbe fait l'engrais, l'engrais fait le blé.
Ainsi le fumier remplit le grenier !

MAITRE PIERRE. — L'autre jour, vous m'avez parlé des engrais ; pour suppléer à leur insuffisance, que pensez-vous des fourneaux ? (1) On en obtient quelquefois de bons résultats.

L'INSTITUTEUR. — C'est un usage désastreux !

L'écobuage peut être, dans certaines circonstances, une bonne opération : il active la végétation, mais ne remplace pas les engrais ; dans tous les cas, il doit être pratiqué avec discernement. L'idée de faire des fourneaux vient sans doute de la remarque suivante : Après l'incendie d'une forêt ou d'une lande, le sol se couvre ordinairement d'une herbe haute et serrée ; ce surcroît de végétation paraissant due aux cendres, on a été naturellement porté à les considérer comme un engrais.

(1) En Provence, on appelle vulgairement *fourneaux*, les tas de terre et de végétaux que l'on brûle pour en répandre ensuite les résidus dans les champs. Cette opération constitue l'*écobuage* ou *brûlis*.

Il y avait bien là quelque chose de vrai, mais l'erreur a été d'en faire un principe.

MAITRE PIERRE. — Cependant l'expérience est là : Prenez n'importe quelle terre en friche depuis deux ou trois ans, écobuez, cultivez et semez, vous aurez une récolte superbe. A quoi cela tient-il ?

L'INSTITUTEUR. — A la fécondité du sol reposé depuis deux ou trois ans et non aux cendres Continuez, en effet, ce genre de culture plusieurs années sur la même terre ; la deuxième récolte rendra peut-être la semence, mais la troisième sera nulle. Les fourneaux ont un double résultat : Ils servent d'abord à détruire les insectes et les herbes parasites, et divisent ensuite la terre par le mélange des cendres, ce qui est très-avantageux dans certains cas.

Voici, par exemple, une terre argileuse ; après la pluie, elle se serre, sèche et durcit ; l'absorption des sucs nourriciers est arrêtée, et la végétation souffre. Ajoutez-y seulement du sable, le sol divisé s'assouplit et ne durcit plus. Tel est le rôle si exagéré des cendres, avec cette particularité que les résidus des fourneaux renfermant encore, après la combustion, quelques éléments de fumier ou principes organiques assimilables, peuvent servir ainsi de *stimulant* à la végétation.

Mais écobuez un terrain sablonneux ; le mélange des cendres augmentant la division et la légèreté du sol, le rendra encore plus sec, et partant plus infertile. Inutile dans ce cas, l'écobuage est d'autre part très-dangereux pour les terrains en pente, parce qu'en les ameublissant trop, les cendres faciliteraient leur entraînement sous l'action des pluies, et il ne resterait alors qu'un sol dénudé.

Les fourneaux ne doivent pas seulement contenir de la terre pour donner de bons résultats, il faut encore qu'ils renferment beaucoup de matières végétales; car les cendres n'ont quelques propriétés stimulantes que par les détritus des plantes dont la combustion, pour être utile, ne doit pas être trop complète, sans quoi elles n'auraient plus d'action.

Voilà pourquoi ce genre de culture avantageux en plaine, dans les pays argileux, humides, tourbeux, etc.; inutile ou dangereux dans les terrains sablonneux, secs et légers, est désastreux dans nos montagnes du Midi, où le soleil calcine le sol friable et léger. Suivant moi, c'est à l'écobuage exagéré qu'on y pratique, qu'il faut attribuer, en partie, la dénudation de leurs pentes.

MAITRE PIERRE. — Comment ferons-nous, si on doit renoncer à l'écobuage? Il faudra donc cultiver deux fois la terre, pour suppléer à l'insuffisance du fumier; les frais doubleront.

L'INSTITUTEUR. — Encore une erreur; l'engrais est la nourriture des plantes, et tous vos labours ne le remplaceront pas. Que diriez-vous d'un voiturier qui, réduisant de moitié la nourriture de ses chevaux, leur distribuerait par compensation double ration de coups de fouet, il obtiendra du travail, ira plus vite, mais plus vite aussi s'usera son attelage. De même le cultivateur qui suivra vos maximes, obtiendra, sans fumier, quelques récoltes, mais sa terre sera bientôt épuisée.

MAITRE PIERRE. — Pas du tout, attendu qu'au moyen d'une sole bien établie, il laissera reposer son champ un an ou deux.....

L'INSTITUTEUR. — En friche, n'est-ce pas? bon moyen de l'améliorer : mais ignorez vous que la terre ne se fatigue pas de produire, quand on lui fournit les engrais nécessaires aux semences qu'elle a reçues. Le travail peut, jusqu'à un certain point, dans un sol fatigué, suppléer au fumier, en ramenant à la surface, la terre du dessous vierge et fertile, qui nourrit alors une nouvelle récolte ; mais cela fait, vous essayeriez vainement de piocher et de labourer votre champ, les produits iront en diminuant.

On prend l'effet pour la cause, voilà le mal ; le travail retourne et prépare bien la terre, mais ne l'engraisse pas.

MAITRE PIERRE. — Comment donc faire, lorsqu'on n'a pas assez de fumier ?

L'INSTITUTEUR. — N'ensemencer que ce qu'on peut fumer. Si vous n'avez de l'engrais que pour deux hectares, ne le répandez pas sur quatre ; car la récolte (presque toujours en rapport avec la fumure), ne donnant qu'un produit de deux hectares, se trouvera inutilement grevée du travail, de la semence et de l'engrais des deux hectares en sus. On se plaint alors que la terre ne rémunère pas : elle paye toujours largement le travail *utile*, mais dans ce cas le travail *superflu* a absorbé le bénéfice (1).

MAITRE PIERRE. — Il faut bien cependant utiliser ses terres et ne pas les laisser en friche.

(1) Voir note A, § 2.

L'INSTITUTEUR. — Sans doute. Mais il n'y a pas que du blé à semer, et pour ne perdre ni votre temps, ni votre peine, cherchez le genre de culture qui puisse le mieux réussir sur vos terrains. Si je vous ai montré les dangers de l'écobuage sur les pentes, ce n'est certes pas pour vous conseiller de les laisser incultes ou stériles, mais pour vous amener à les cultiver plus utilement. Le fumier donne les bonnes récoltes ; vous en manquez ? Hé bien, entretenez les bestiaux qui en produisent.

MAITRE PIERRE. — Comment les nourrir ?

L'INSTITUTEUR. — Avec des prairies et des pâturages.

MAITRE PIERRE. — Où les prendre ?

L'INSTITUTEUR. — Il faut en faire.

MAITRE PIERRE. — Et comment ?

L'INSTITUTEUR. — Avec des plantes fourragères : au lieu de cultiver vos coteaux, transformez-les en bonnes pâtures sous bois ; répandez-y, sans préparation, de bonnes graines et ménagez les herbes lorsqu'elles seront bien enracinées.

Voyez les vacants de la commune livrés au parcours ; dès qu'un brin d'herbe pousse, vingt moutons se le disputent et arrachent jusqu'à la racine : les plantes n'ayant pas ainsi le temps de pousser, ne peuvent pas fleurir et donner de la graine pour se renouveler et l'on s'étonne ensuite de leurs faibles produits.

Que diriez-vous d'un propriétaire qui arrachant son blé en herbe, se plaindrait de ne rien récolter ? Que c'est un fou. Voilà, cependant, ce que font les habitants de la commune ; il est vrai qu'étant tous usagers de ces pâtures, c'est à qui les fera le plus tôt manger, de peur que d'autres en profitent.

Ne feraient-ils pas mieux, après avoir mis leurs terrains en état, de limiter le nombre des animaux admis au pacage, et même de suspendre le parcours à certaines époques, afin de ne pas épuiser les plantes. On aurait ainsi des pâturages et même des fourrages pour la stabulation des troupeaux, ce qui augmenterait la production du fumier, seul moyen d'accroître les récoltes ou l'étendue des cultures.

Mais ces terrains sont secs, maigres et pierreux, direz-vous, l'herbe n'y vient pas : mauvaise raison ; chaque terrain a son herbe (1), le tout est de la connaître. Voulez-vous un moyen infaillible et peu coûteux pour cela : essayez différentes plantes sur le terrain à gazonner.

Il faut à cet effet le diviser en petits carrés ; semer dans chacun d'eux des graines fourragères d'espèces diverses et vivaces autant que possible ; puis attendre le résultat pour choisir et semer avec certitude de succès celles qui réussissent le mieux, fleurissent en même temps et sont préférées par les bestiaux. Vous mettez ces terrains semés, en défends, la première année, pour laisser bien enraciner les tiges ; ensuite au moyen de haies sèches ou de barrières vous les divisez en cantons dans lesquels les troupeaux ne sont admis qu'à tour de rôle.

Il va sans dire qu'une fois en bon état, il faut avoir

(1) Voir note B.

soin d'entretenir ces pâtures, soit en les arrosant si c'est possible, soit en y faisant tous les autres travaux de conservation et d'amélioration nécessaires. On pourrait arriver naturellement au même résultat, en mettant les terrains en défends pendant deux ou trois ans ; mais il vaut mieux éviter une perte de temps.

Tel est le moyen de tirer des coteaux et des versants un revenu d'autant plus avantageux, que les pâturages sont plus rares. Mais en voilà assez pour aujourd'hui, et notez ceci pour votre gouverne :

> Si tu veux du blé, fais des prés :
> L'herbe fait l'engrais, l'engrais fait le blé ;
> Ainsi le fumier remplit le grenier.

TROISIÈME DIALOGUE.

De l'influence des forêts en agriculture par rapport aux sources.

Montagne boisée, source à la vallée !

MAITRE PIERRE. — J'ai bien réfléchi à ce que vous m'avez dit : les bonnes pâtures pourraient, en effet, rendre de grands services, mais on hésite à en faire, parce que, dans les années sèches, leurs produits seraient peu importants ; et que d'autre part, les clôtures exigeraient trop de dépenses. — J'aimerais mieux les prairies artificielles ; vos idées seraient toutefois excellentes si on pouvait avoir de l'eau. — Comment en effet sans cela changer le mode de culture pour élever des troupeaux.

L'INSTITUTEUR. — Qu'à cela ne tienne, je puis vous indiquer le moyen de créer des sources.

MAITRE PIERRE. — Créer des sources ! Dieu seul le peut.

L'INSTITUTEUR. — C'est aussi dans l'intelligence de ses lois que vous en trouverez le secret.

MAITRE PIERRE. — Ah ! qui l'aurait serait le maître du monde !

L'INSTITUTEUR. — Le gouvernement vous indique cependant le moyen.

MAITRE PIERRE. — De créer des sources ?

L'INSTITUTEUR. — Il a même fait une loi et voté des fonds pour arriver à ce résultat.

MAITRE PIERRE. — Comment ! on a fait une loi, et personne n'en sait rien !

L'INSTITUTEUR. — Vous la connaissez si bien que vous vous opposez à son exécution ; c'est la loi sur le reboisement des montagnes.

MAITRE PIERRE. — Reboiser pour créer des sources, planter des bois pour avoir de l'eau !

L'INSTITUTEUR. — On plante bien des vignes pour avoir du vin.

MAITRE PIERRE. — Le raisin donne du vin ; mais je ne sache pas que le bois ou les feuilles donnent de l'eau.

L'INSTITUTEUR. — Ne voyez-vous donc pas que les forêts sont les citernes dans lesquelles la nature amasse les eaux d'où proviennent les sources.

MAITRE PIERRE. — Des citernes ! Je voudrais les voir pour y croire, mais...

L'INSTITUTEUR. — S'il ne faut que cela pour vous convaincre, je puis vous les montrer ?

MAITRE PIERRRE. — Je ne demande pas mieux.

L'INSTITUTEUR. — Montons au bois des Beaumes, et en passant regardez ce chemin, il est assez rapide ; voyez combien il est dégradé, c'est la pluie d'hier qui a ainsi entraîné la terre et le gravier, si on n'y prend garde il deviendra impraticab'e.

MAITRE PIERRE. — C'est vrai, et il est évident, ainsi que vous le disiez l'autre jour, que puisque la pluie entraîne la terre, à plus forte raison doit-elle emporter le fumier.

L'INSTITUTEUR. — Nous voici arrivé : entrons dans le bois.

MAITRE PIERRE. — Non pas : les jeunes taillis sont encore chargés de pluie et de rosée ; en les traversant nous y serions tout mouillés.

L'INSTITUTEUR. — Suivons ce chemin creux alors.

MAITRE PIERRE. — Ne voyez-vous pas ces feuilles mortes, gonflées d'humidité ? Nous aurions de l'eau jusqu'à la cheville. Laissez-moi vous conduire ; nous allons faire le tour du bois et prendre la grande tranchée.

L'INSTITUTEUR. — Mais il n'est pas nécessaire d'aller aussi loin, pour ce que nous voulons voir ; asseyons-nous ici, au bord du fossé, sur la mousse.

MAITRE PIERRE. — Sur la mousse ! Autant vaudrait s'asseoir dans un baquet ; cette mousse est comme une éponge imbibée d'eau. Vous parlez des champs et des bois, on voit bien que vous ne les connaissez que par les livres. Voici pour nous reposer une grosse pierre : où sont donc vos citernes maintenant ?

L'INSTITUTEUR. — Mais vous les voyez assez bien tout seul, sans qu'il soit nécessaire que je vous les montre. Il y a citernes de pierres et citernes de bois, et ce sont ces dernières que vous me désignez, en me faisant remarquer qu'après la pluie, les herbes, la mousse, les feuilles et les bois conservent l'eau qu'ils ont reçue (1).

(1) Voir note C, §§ 1 et 2.

MAITRE PIERRE. — Ils conservent aussi la rosée ; mais de là à une citerne il y a loin.

L'INSTITUTEUR. — Moins que vous ne pensez ; raisonnons un peu. — Lorsqu'on n'a ni sources, ni puits, que fait-on ? des bassins ou des citernes pour y retenir et conserver les eaux pluviales, qui sans cela, absorbées par les terres, s'évaporant dans l'air, ou se perdant dans les ruisseaux, resteraient sans utilité. Tout ce qui empêche l'évaporation de l'eau ou son écoulement ne rend-il pas le même service ? Voyez comme, à la différence des champs, qui sont déjà secs, le bois, encore humide, a conservé l'eau ; il a donc fait l'office de citerne ?

MAITRE PIERRE. — Et que m'importe l'eau retenue par les bois, si je ne puis, à mon gré, l'utiliser pour mes cultures.

L'INSTITUTEUR. — Si vous construisez un réservoir, il doit être à votre usage personnel, c'est évident ; mais dans l'ordre de la création, les forêts sont les citernes de la terre, destinées à satisfaire les besoins de tous. Cette eau mise en réserve ne restera pas sans emploi, elle jaillira en sources de différents côtés, pour fertiliser et arroser les cultures, et sera alors à la disposition de vous, et des autres suivant qu'elle sourdra ici ou là.

MAITRE PIERRE. — Voilà des paraboles dont je ne vois point l'application ; les bois conservent l'eau mieux que les terres, je l'admets ; quant au reste, qu'en sait-on ? qui le prouve ?

L'INSTITUTEUR. — L'expérience et l'étude des terrains :

vous avez sans doute déjà remarqué la diminution de votre source pendant l'été, et son augmentation pendant l'hiver ; en soupçonnez-vous la cause ?

MAITRE PIERRE. — Sans doute, cela dépend de la profondeur et de la dimension des réservoirs souterrains.

L'INSTITUTEUR.— Pas tout à fait. Après une pluie, l'eau absorbée par la terre ne reste pas à la surface ; elle s'infiltre de plus en plus, jusqu'à ce qu'elle rencontre une couche de terrain imperméable roche ou argile. Si cet obstacle forme un creux, il donnera naissance à un bassin souterrain ; s'il est incliné, le liquide suivra la pente et sortira ensuite sous forme de source dont l'abondance se a proportionnée à la quantité d'eau absorbée et l'époque de ses crues se rapportera à la période d'absorption.

Or, la plus grande partie des eaux pluviales qui tombent sur un terrain incliné et dénudé, s'écoule dans les ruisseaux, parce que le sol ne peut pas l'absorber immédiatement et en totalité. Il n'en est pas ainsi dans les bois, où le feuillage des arbres amortit la violence de la pluie (1). — L'eau, retenue par un lit de feuilles mortes, qui s'oppose à son écoulement et à son évaporation, ne s'infiltre que peu à peu dans le sol perméable, et, le feuillage qui s'égoutte lentement, favorise cette infiltration en modérant et prolongeant la durée de la pluie (2).

Mais ce n'est pas tout, pendant l'hiver le sol des fo-

(1) Voir note C, § 1.
(2) Voir note C, § 2.

rêts abrité par les arbres, les feuilles mortes, la mousse, etc., gèle rarement, de telle sorte que la neige, sous l'influence de la chaleur terrestre, fond lentement et par dessous. Vous devez facilement comprendre comment, dans ces circonstances, toute l'eau est absorbée au fur et à mesure de la fonte des neiges (1).

Sur un terrain dénudé c'est le contraire qui arrive, quand la neige vient à tomber, et que la terre est gelée. S'il survient alors un brusque changement de température tel qu'un vent chaud ou une pluie, la neige fond immédiatement, et, ne pouvant pas pénétrer dans le sol glacé, l'eau s'écoule toute dans les ravins.

En reboisant un coteau ou une montagne, vous augmenterez donc sa puissance d'absorption et par suite le volume d'eau absorbée qui ira plus bas former une nouvelle source ou grossir celles qui existent déjà (2). — N'aurez-vous pas ainsi créé une source ?

Il y a plus, pendant l'été la chaleur fait évaporer l'humidité des champs, tandis que les forêts conservent sous l'abri de leur feuillage, une fraîcheur constamment entretenue par la rosée ; aussi voit-on se tarir en juillet, août et septembre, les sources des terrains qu'aucune forêt ne protège ; cela vous explique la diminution régulière de votre source pendant ces mêmes mois, ce qui n'aurait pas lieu si les terrains supérieurs étaient tous boisés.

Enfin la preuve convaincante de ces faits, c'est qu'en général, les sources les plus abondantes sont presque

(1) Voir note C, § 3.
(2) Voir note C, § 4.

toutes situées au pied des coteaux et des montagnes boisées.

Voilà comment la nature a fait ses citernes et en a réglé l'usage pour les besoins généraux et l'entretien des sources.

MAITRE PIERRE. — Quelle merveilleuse harmonie ! combien peu de gens comprennent la sage prévoyance de Dieu, et combien moi-même je l'ignorais. Je voudrais que toute la commune et le conseil fussent ici pour vous entendre; dès aujourd'hui je respecte les bois et je vais demander que la commune en achète ou en plante.

L'INSTITUTEUR. — N'allez pas si vite ; le Conseil municipal ne serait pas de votre avis. — Pour le moment, il me suffit de vous avoir prouvé, d'abord, l'utilité des bois, en second lieu, que lorsque le Gouvernement fait une loi, ce n'est pas sans raison et sans y voir de grands avantages, et enfin que tout se tient dans la nature, puisque

> Les bois gardent l'eau,
> L'eau nous fait les prés ;
> Les prés, les troupeaux ;
> Les troupeaux, l'engrais ;
> Et l'engrais, le blé :

Ce qui revient à dire : *Si tu veux du blé, fais des forêts !* seulement, si, dès le début, je vous avais parlé ainsi sans préparation, vous n'auriez pas voulu m'entendre, tandis qu'à présent vous commencez à voir que j'ai quelque peu raison.

En étudiant son œuvre, on comprend mieux le Créateur, dont la volonté toute puissante a lancé les mondes dans l'espace, en fixant les lois qui devaient les régir jusqu'à l'accomplissement de leur destinée. Depuis le premier jour jusqu'au dernier, la terre doit trouver dans ses propres forces de quoi renouveler indéfiniment son admirable fécondité. Dans ce but, tous les versants doivent être boisés, afin de fournir l'eau nécessaire à l'irrigation des plantes ; le feuillage des arbres est leur engrais providentiel et l'humus, c'est-à-dire la terre fertile, que les bois produisent incessamment, est destiné à remplacer et à renouveler peu à peu les sols épuisés. On peut donc dire, sans exagération, que les forêts sont *les citernes et les nourrices* de l'univers. Après leur destruction on s'aperçoit, mais trop tard, de tous leurs bienfaits, que je me réserve de vous faire connaître une autre fois ; pour le moment, n'oubliez pas cette sage maxime :

Montagne boisée, source à la vallée!

QUATRIÈME DIALOGUE

De l'exploitation et de la conservation des forêts.

L'INSTITUTEUR. — Hé bien, maître Pierre, que dites-vous maintenant de cette forêt des Beaumes? Vous paraît-elle assez utile et ne pensez-vous pas qu'elle puisse donner un bon revenu à son propriétaire? Vous étiez cependant d'avis de la défricher, dans le temps.... Quelle sottise!

MAITRE PIERRE. — Ma foi, oui; son acquéreur a été mieux avisé; je crois qu'il a bien fait de la conserver, d'autant qu'il y a de beaux arbres dont il tirera plus tard bon parti.

L'INSTITUTEUR. — C'est parce qu'elle a toujours été bien exploitée et qu'il a continué à lui donner des soins. Bien d'autres, à sa place, auraient coupé le bois à dix ans pour cultiver, la première et la deuxième année, l'espace compris entre les souches; ils y auraient conduits ensuite leurs troupeaux, et auraient ainsi, pour engraisser quelques moutons, ruiné un bois pour une période d'exploitation. — Ah! qu'on se rend quelquefois mal compte des résultats désastreux du pâturage (1) !

Le blé, la vigne donnent une récolte par an ; si des moutons les broutent, le revenu de l'année est perdu.

Pour les forêts c'est bien pire : l'allongement des arbres se produit par le bourgeon terminal ; s'il est brouté, la tige émet des branches latérales et ne s'allonge pas. Les bourgeons de ces branches sont-ils dévorés à leur tour ; de nouveaux rameaux repoussent du pied et le brin s'étale et buissonne sans prendre aucun développement ; puis, quand vient l'époque de l'exploitation, les produits sont presque nuls et on ne trouve pas de baliveaux à réserver comme porte-graines. On dit alors que le bois est de mauvaise qualité. Comment en serait-il autrement ? Les troupeaux ont jadis anéanti, dans un instant, la récolte qu'on espérait avoir dix ou vingt ans plus tard.

MAITRE PIERRE. — Il suffirait donc d'éloigner les troupeaux des bois pour avoir de belles forêts. Cependant, j'entends souvent parler de *l'exploitation des bois*, il me semble que ce n'est pas bien difficile.

L'INSTITUTEUR. — Vous vous trompez : par *exploitation* (2) on comprend la COUPE, la CONSERVATION et la RÉGÉNÉRATION des forêts, trois opérations également importantes que je vais essayer de vous expliquer en peu de mots.

Après le pâturage, c'est le mode d'abatage qui influe le plus sur la végétation. Les souches, bien qu'ayant la

(1) Voir note D, § 1 et note F. § 2.
(2) Voir note D, § 2.

faculté de repousser, ne sont cependant pas éternelles, et les exploitations trop rapprochées les épuisent rapidement.

Dans les sols humides, si on coupe les bois trop bas, l'eau recouvre les souches, qui alors, privées d'air, périssent.

Dans les terrains secs, au contraire, il faut couper les bois rez de terre, afin de forcer les souches elles-mêmes à donner des pousses bien plus susceptibles de durée que les branches, très-vigoureuses, il est vrai, produites par les étocs trop hauts.

Ces rejets de souche, développant des racines particulières, ont alors une existence indépendante de la tige principale et ils y survivent lorsque sa mort a entraîné celle des branches.

Que la section soit toujours nette et bombée ; évitez surtout de détacher l'écorce des souches et de fendre le pivot, sans cela l'humidité s'y infiltrerait, les insectes y engendreraient la pourriture et le produit se ressentirait de toutes ces négligences.

Quant à la régénération des forêts, rien ne lui est plus préjudiciable et nuisible que l'exploitation des bois à un âge trop jeune pour qu'ils puissent produire de bonnes semences ; alors toute souche morte fait un vide que rien ne remplit. C'est une clairière naissante, et chaque exploitation vicieuse l'agrandit ; lorsque le vide est devenu un peu considérable, au lieu de le replanter, on y conduit les troupeaux pour en utiliser l'herbe, et la ruine commence ; les jeunes pousses sont dévorées, le vide s'agrandit et peu à peu le bois disparaît.

Comme ce résultat ne se produit néanmoins qu'après un temps assez long, pendant lequel les revenus de la forêt ont été constamment en diminuant, on se félicite de sa destruction, sous prétexte qu'elle ne rendait plus rien.

Dans d'autres bois, bien qu'on laisse des arbres de réserves, comme portes-graines, les propriétaires sont dans l'usage de cultiver les intervalles entre les souches pendant une année ou deux après la coupe, et quelquefois même d'y faire des fourneaux. Cette pratique vicieuse...

MAITRE PIERRE. — Oh! quant à cela, ne vous prononcez pas trop vite; c'est un binage qui fait plus de bien que de mal. D'ailleurs, qu'il y pousse du blé ou de l'herbe, le bois vient tout de même, et le propriétaire y trouve son bénéfice.

L'INSTITUTEUR. — Erreur, maître Pierre, erreur! dans un binage vous remuez la terre en respectant les racines et les plantes et vous ne détruisez que les herbes parasites. Dans ces cultures, on ne touche pas, il est vrai, aux vieilles souches, mais les jeunes rejets, les drageons, les graines, les brins de semences, que deviennent-ils? Tout disparaît avec les herbes dans les fourneaux ; voilà où est le mal.

Si on semait en même temps des graines forestières tous les vides seraient bientôt reboisés, et il en résulterait alors une amélioration; autrement ces cultures, non-seulement rendent le repeuplement et la régénération impossibles, mais encore ruinent les forêts en déchirant les racines et appauvrissant le sol de plus en plus.

Il en est de même de l'enlèvement continuel des des feuilles mortes. On ne réfléchit pas que les bois fertilisent, par leur dépouilles, le sol qui les nourrit. Ces feuilles constituent leur engrais spécial, et c'est par cette raison que, dans les forêts où cet usage n'est pas en vigueur, le terrain s'améliore de plus en plus et donne toujours de plus beaux produits.

Enlever aux forêts cet élément de prospérité, c'est comme si on retirait le fumier de vos terres. Le sol, produisant toujours et ne recevant plus d'engrais, s'épuise et le bois disparaît.

MAITRE PIERRE. — M. l'instituteur, je vous arrête-là. C'est une question de vie ou de mort. Les feuilles mortes sont notre seule ressource pour faire la litière et les engrais, et mieux vaut en priver les forêts que nos cultures. Périssent les bois plutôt que les récoltes.

L'INSTITUTEUR. — Et quand il n'y aura plus ni bois ni feuilles, comment ferez-vous ?

MAITRE PIERRE. — Il y en aura toujours assez pour nous, et si plus tard la litière vient à manquer nos enfants y pourvoiront ou quitteront le pays.

L'INSTITUTEUR. — On ne peut pas être plus franchement égoïste. Mais, lorsque vous n'avez rien pour nourrir vos moutons, leur donnez-vous la ration de votre mulet ? Non, hé bien, pourquoi donc prendre aux bois leur engrais pour en fertiliser vos terres ?

Ne vaudrait-il pas mieux abandonner cet usage funeste, avant que la disparition des forêts ne vous y oblige et chercher le moyen d'avoir de l'engrais, tout en conservant les bois ? Il suffirait, pour cela, d'adopter, dès-à présent, une meilleure méthode d'exploitation et de ne pratiquer cet enlèvement que tous les six ou sept ans, dans les mêmes cantons : on pourrait alors mettre en défends les jeunes coupes, pour ménager les plants naissants, ainsi que celles en tour d'exploitation afin d'y conserver les feuilles si nécessaires à la germination des semences.

Les bois sont comme les prés, il faut les entretenir pour les conserver et en tirer un bon revenu ; sans cela leur destruction s'effectue peu à peu et presque sans qu'on s'en aperçoive.

MAITRE PIERRE. — C'est très-bien en théorie ; mais en pratique, il faut tenir compte de la position des petits propriétaires, qui cherchent à retirer de leurs bois le plus grand revenu possible ; s'ils les coupent jeunes, c'est autant de gagné, et l'intérêt de l'argent les dédommage. Ils n'ont pas de ressources pour les améliorer ; et d'ailleurs le bois ne vient-il pas tout seul ?

L'INSTITUTEUR. — Toujours le même système ; jouir vite, sans se préoccuper de l'avenir. On ne veut pas comprendre qu'une forêt coupée à vingt ans donne plus de produits en argent et en matière, que si elle avait été exploitée quatre fois à cinq ans, ou deux fois à dix ans.

L'intérêt de l'argent, dites-vous ? et ne comptez-vous

donc pour rien l'amélioration du terrain, son ensemencement et la plus-value des arbres en qualité et en quantité ? Aussi comparez, la différence entre la valeur d'un bois bien entretenu et celle d'un bois ruiné par des exploitations vicieuses.

C'est comme si on tondait les moutons deux fois au lieu d'une ; on n'aurait pas plus de laine, et comme elle serait plus courte, on la vendrait moins cher, de telle sorte que, malgré l'intérêt de l'argent utilisé entre les tontes, on serait encore en perte.

Le bois vient tout seul, dites-vous ; et les prés ne repoussent-ils pas seuls aussi, après avoir été coupés ? mais est-ce là un motif pour ne pas les soigner ? *le bois vient tout seul* ! funeste maxime dont profitent les délinquants, pour excuser leurs dégâts et tromper l'opinion des campagnes sur les dangers du déboisement et des dévastations des forêts.

En résumé, coupez bien les bois ; réservez les vieux arbres pour les repeupler ou semez directement les places vides ; enlevez de suite les produits afin de ne pas porter préjudice aux jeunes pousses ; enfin éloignez en les troupeaux et vous aurez de belles forêts.

Les mauvaises méthodes d'exploitation, suivies jusqu'à ce jour, ont eu pour résultat le déboisement dont on se plaint : la production des fourrages, des fumiers, du blé s'en ressent ; tout le monde souffre ainsi de l'égoïsme et de l'avidité de ces propriétaires inintelligents, qui ruinent leurs bois, sous prétexte de spéculation, et afin d'améliorer temporairement leur position,

préparent à leurs enfants des ruines, qui prouveront
trop tard la vérité de cette maxime :

> Pays sans bois, maison sans toit !
>   Mauvais ménage !
> Soleil, vent, pluie et froid,
>   Tout y fait rage.

CINQUIÈME DIALOGUE

Des forêts par rapport aux torrents et aux terrains en pente.

> Le bois défend
> Le sol penchant.

MAITRE PIERRE. — Où me conduisez-vous aujourd'hui? est-ce pour voir le Valladas, que nous montons ainsi depuis une demi-heure?

L'INSTITUTEUR. — Oui : je veux vous faire étudier à la source de ce ravin les petites causes de ses grands dégâts, après une forte pluie.

MAITRE PIERRE. — Je l'ai vu quelquefois déborder avec une violence extrême, roulant des roches d'un volume énorme, comme celles que vous apercevez là-bas.

L'INSTITUTEUR. — Comment un aussi petit ruisseau peut-il entraîner de pareilles masses?

MAITRE PIERRE. — Grossi par l'orage, il est terrible; la pluie fouettant avec violence contre les versants, affouille la terre et déchausse les pierres et les rochers qui roulent alors jusqu'au fond : voyez-vous cette grosse pierre, la première pluie l'entraînera; elle ne tient presque plus; en la touchant elle va se détacher. (Il pousse la pierre qui roule d'abord doucement, en-

Je suite avec des bonds inégaux et reste enfin au milieu d'une touffe de buis.)

L'INSTITUTEUR. — La voilà arrêtée !

MAITRE PIERRE. — Elle est restée, je ne sais comment, dans ce buis.

L'INSTITUTEUR. — Si, au lieu de cet arbuste, il y avait eu un chêne, pensez-vous que l'effet eût été le même?

MAITRE PIERRE. — Bien mieux encore.

L'INSTITUTEUR. — Et si tout le versant avait été planté d'arbres, de buis, genêts, lavandes, etc., croyez-vous que cette pierre aurait roulé bien loin?

MAITRE PIERRE. — Non, parce que tous ces arbustes l'auraient retenue de suite.

L'INSTITUTEUR. — Ainsi donc, puisque la végétation empêche la chute des pierres, vous conviendrez avec moi que si tous ces versants étaient boisés, elles ne rouleraient pas dans le ravin et que la terre elle-même ne serait point entraînée par la pluie. (1)

MAITRE PIERRE. — Il n'y a pas à en douter.

L'INSTITUTEUR. — Ceux qui détruisent les bois, arbustes, etc., soit en les défrichant, soit en les faisant manger par leurs troupeaux, sont donc un peu cause de l'éboulement des terres.

MAITRE PIERRE. — Cela me paraît d'autant plus certain, que les premiers débordements du Valladas ne datent pas de bien loin; les anciens s'en souviennent encore; il y avait jadis plus de bois qu'à présent.

L'INSTITUTEUR. — Vous voyez donc les conséquences

(1) Voir note E. § 1.

de la destruction des bois. Cela vous prouve l'utilité des végétaux herbacés ou ligneux, et la vérité de ce proverbe : *Le bois défend le sol penchant.*

L'autre jour vous me montriez le bois des Beaumes conservant l'eau de la pluie ; hé bien ! supposez toutes ces pentes boisées ; qu'arrivera-t-il après un orage ? retenue et ralentie par les feuilles, le gazon et les arbustes, l'eau s'écoulera lentement ; arrivant alors sans impétuosité et sans matières étrangères au fond du Valladas, elle ne le transformera plus instantanément en un torrent terrible et bourbeux.

MAITRE PIERRE. — En boisant toutes les pentes, on détruirait donc tous les torrents ?

L'INSTITUTEUR. — Non : on préviendrait seulement leurs dégâts et on ne peut bien apprécier, que sur place, l'utilité des bois sous ce rapport. Ainsi on dit toujours : le torrent descend. Oui, parce que l'eau suit son cours, mais le *ravinement* s'effectue simultanément en haut et en bas, ainsi que je vais vous l'expliquer.

Examinez le terrain vers le sommet, il est uni et ne présente pas trace d'érosion ; en suivant la pente, on voit le sol sillonné par de petites rigoles, s'élargissant avec l'inclinaison et formant, au premier obstacle, une petite cascade et un creux. C'est là le germe et le commencement d'un ravin ou d'un torrent.

Avez-vous, pendant un orage, étudié l'action de la pluie sur les montagnes ? vous voyez l'eau augmenter à chaque instant de vitesse, de volume et de force, et après un certain parcours creuser ces rigoles dont les dimensions s'accroissent, jusqu'à ce qu'un obstacle détermine une chute ou que deux écoulements viennent à se réunir.

Le courant alors délaye et emporte la terre ; sa violence et son impétuosité grandissant avec la hauteur de la chute, il ronge le sol qui s'éboule de tous les côtés ; des affouillements se produisent, son lit s'agrandit et son volume augmente ; tout à coup les terrains supérieurs, minés par la base, s'écroulent ; le ravin se creuse ainsi en arrière et remonte de plus en plus, pendant qu'une masse énorme d'eau, de rochers et de boue se précipite, avec une vitesse extrême, en grondant et bouillonnant jusqu'au fond de la vallée. (La plupart des ravins des Alpes se sont formés ainsi.)

Sur tous les versants la même cause produisant les mêmes effets, le lit du ruisseau est subitement envahi par des avalanches liquides de matériaux de toute espèce, doués d'une impulsion effrayante ; ce cours d'eau, grossi instantanément, se précipite en emportant tout ce qui se trouve sur son passage et sur ses bords.

La pente est-elle forte, le torrent de boue roule et transporte, en bondissant dans son lit trop étroit, les arbres et les rochers déracinés, qui deviennent pour lui de nouveaux instruments de destruction. La vallée s'élargit, et avec elle le champ de dévastation ; tout est envahi et submergé ; le torrent perdant alors en force ce qu'il gagne en espace, diminue peu à peu de violence, abandonne d'abord les plus grosses pierres et continue progressivement jusqu'à ce que, rallenties par une pente plus douce, les eaux devenues presque calmes, déposent enfin un limon fertilisant (1).

Mais, pour en arriver là, que de désastres n'a-t-il pas laissé sur son passage! que de champs emportés, de prairies couvertes de graviers, de ponts ou de digues rompues et d'arbres arrachés !

Alors, tous les propriétaires victimes de l'inondation, crient et se plaignent; les communes, dont les routes et les ponts ont été détruits, prennent des délibérations et adressent des pétitions. Vite des digues, des barrages, tout le monde en veut, chacun les demande... mais devant sa propriété. A les entendre, il faut dépenser des millions pour l'intérêt général... *de leurs champs* et barrer des vallées pour prévenir le désastre public... *de leurs cultures.*

Et tout cela, parce qu'une touffe de buis ou de genêts n'a pas arrêté un filet d'eau; ou bien parce que les propriétaires d'une mauvaise pâture y ont mis leurs moutons et ont fait détruire quelques arbustes; mais ils se garderont bien d'en convenir. Chacun accuse son voisin, qui en a fait autant; si bien qu'à les entendre, ce n'est personne et c'est tout le monde.

Si tous cependant constatent le mal et ses effets, personne n'en veut voir la source; c'est quelquefois trop loin et trop difficile : D'ailleurs les propriétés n'ayant pas de valeur à la naissance du ravin, il semble superflu d'y faire remonter les travaux de défense.

Parlez alors de reboisement, de terrains en défends,

(1) Voir note E, § 2.

tous en reconnaissent l'utilité ; puis, lorsqu'il faut agir, chacun dit : Prenez le terrain voisin et laissez-moi le mien ; je suis pauvre et n'ai que cela pour vivre. — Les communes répondent de même : — Prenez la montagne voisine, c'est de là que vient le torrent.

Le débat continue, rien ne se fait et le fléau revient chaque année avec plus d'intensité, jusqu'à ce que le mal soit sans remède.

Lorsque les montagnes et les versants, dénudés et ravinés n'ont plus de valeur, tous sont alors d'accord pour les vendre ; et chacun de s'écrier : — Voici le terrain qu'il faut reboiser ; prenez mon champ, je me sacrifie ; mais indemnisez-moi, c'est mon unique bien. — Et c'est ainsi que l'égoïsme individuel, aveuglé par la cupidité, fait son propre malheur en même temps que celui des autres.

Revenons maintenant à nos rigoles : Si, lorsque l'eau commençait à entraîner la terre, il s'était trouvé sur son passage une touffe de lavande, de buis, de genêts, et même de gazon, elle aurait été arrêtée et divisée, sauf à reprendre son écoulement, doucement et sans violence.

Placez donc, devant les nombreux ruisseaux qui, à chaque pluie, se forment sur un versant, des touffes de buis ou d'herbes ; renouvelez cette plantation chaque fois que le courant a une certaine impulsion, et les eaux arriveront au fond de la vallée sans impétuosité et sans dégâts.

Vous connaissez le mal ; vous avez le remède ; il faut, maintenant pour le bien appliquer, déterminer le point où commencent les érosions du sol et y créer, pour les arrêter, une végétation spéciale appropriée à la nature, à la situation et à l'exposition des terrains.

MAITRE PIERRE. — Tout cela me paraît très-sage ; mais c'est de la théorie : il faudrait voir votre système à l'épreuve, car c'est là surtout où se présentent quelquefois des difficultés imprévues qui dérangent les combinaisons des savants.

L'INSTITUTEUR. — Mais la théorie n'est ici appuyée que sur la pratique, et c'est l'expérience seule qui a pu, sur ce point, fixer les données de la science ; bien que susceptible d'être modifié par des dispositions locales, en voici les principaux résultats :

Sur une pente douce de **15** mètres pour cent mètres, l'eau, après un écoulement de **55** à **70** mètres, commence, suivant les inégalités et la résistance du sol, à entraîner la terre, et à vous indiquer ainsi le premier point de la défense. Si le terrain est compacte, il n'y a presque rien à craindre ; mais s'il est léger, friable, exposé aux vents violents et aux orages, il y a plus à redouter, bien que, dans ce cas, des sillons transversaux suffisent souvent pour conjurer le péril.

Il est vrai que les propriétés étant d'ordinaire séparées par des haies, des murs ou des plantations, les versants de cette catégorie sont rarement ravinés, mais la loi n'en est pas moins la même.

Sur un terrain incliné de **20** ^{m} pour **100** ^{m}, il ne faut plus à l'eau qu'un parcours de **35** à **50** mètres pour désagréger le sol, et selon qu'il sera plus ou moins compacte ou friable, plus ou moins rapide sera son érosion. Il s'agit dès lors de disposer les cultures de manière à l'arrêter ou le prévenir : l'établissement des terrasses paraît être, à cet effet, le moyen le plus efficace.

Toutefois, on ne devra construire que des murs peu élevés et assez solides pour résister à la poussée des terres ; les vignes et les vergers y trouveront des emplacements favorables. S'ils étaient trop coûteux, on pourrait les remplacer par des talus gazonnés avec de fortes haies, ou mieux encore, mettre tout en prairies naturelles ou artificielles, sur lesquelles l'écoulement de l'eau est sans danger.

Le versant a-t-il 25^m pour 100^m de pente? Après un cours de 25 à 35 mètres, l'eau creuse des rigoles et désagrège le sol ; la culture ordinaire n'est plus alors possible qu'en banquettes de 4 ou 5 mètres de largeur nécessairement réservées aux vignes, oliviers et autres arbres fruitiers ; ou bien il faut transformer ces terrains en prairies avec des talus et des haies pouvant servir à l'irrigation et à la clôture du parcours.

Dès que le sol a 30^m pour 100^m de pente, il peut être effondré par les eaux, si elles ont un écoulement libre de 18 à 25 mètres ; dans ce cas, comme les murs des terrasses nécessairement élevés pourraient céder sous la pression des terres, on fera mieux de tout transformer en prairies soutenues ou coupées par des bandes boisées et de fortes haies. La culture des vergers doit alors être abandonnée, à moins de circonstances exceptionnelles.

Avec une déclivité de 40^m pour 100^m, le cours de l'eau ne doit pas excéder 13 à 18 mètres. Toute culture

est alors impossible, les grandes prairies peuvent même
offrir des inconvénients. Les prés-bois, c'est-à-dire des
bandes boisées entrecoupées de pâturages, y seront
seuls possibles, dans le cas où ces pentes offriraient de
bons terrains ou des sources à utiliser.

Sur les pentes rapides de 45^m pour 100^m, les bois peuvent seuls garantir et conserver le sol. Dans ce cas, les
taillis offriront aux troupeaux une nourriture excellente
et un parcours avantageux. Pour boiser des terrains de
cette catégorie, il faut bien tenir compte de la nature du
sol. Est-il friable et rocheux, on préférera la futaie; pour
les terres compactes, le taillis sera suffisant.

Sur les versants dont l'inclinaison dépasse 50^m pour
100^m, les bois sont d'une nécessité absolue, et encore
faut-il rarement découvrir le sol ; la futaie y trouve un
emplacement rationnel, et comme peuplement, il faut,
si le terrain le permet, préférer les essences pivotantes
dont les racines fixent mieux le sol.

MAITRE PIERRE. — Je plains les habitants de la haute
montagne, s'il leur faut tout reboiser. Sans pâture et
sans moutons, comment vivront-ils ?

L'INSTITUTEUR. — Il n'est si bonne mesure qu'on ne
rende détestable par l'exagération. Je n'ai jamais pensé
à supprimer les pâtures; on pourra toujours en conserver, car les montagnes offrent rarement une déclivité
uniforme de 40 à 50 pour cent; cependant, le cas
échéant, il faudrait tout reboiser sans hésitation. Il resterait d'ailleurs encore les plateaux élevés, où la température ne permet pas la culture des céréales.

Les versants présentent, en général des pentes variables d'après lesquelles on pourra établir les cultures en vergers, bois ou prairies.

En somme le reboisement aura ce triple avantage de garantir les parties inférieures cultivées, de leur fournir de l'eau, et en arrêtant, par les bandes boisées, les pierres et la terre des versants, de prévenir l'exhaussement du lit des ruisseaux et leur débordement.

MAITRE PIERRE. — Je comprends bien votre système. il n'a que l'inconvénient de nous obliger à devenir tous ingénieurs, pour déterminer chaque zône de culture.

L'INSTITUTEUR. — Est-il besoin de l'être pour savoir si on peut établir un chemin ; pour connaître la nature et la qualité des terres ; pour creuser des fossés d'irrigation ; établir des fontaines, etc. ? Hé bien ! il n'est pas plus difficile de distinguer les terrains à cultiver de ceux à mettre en prés ou en bois ; l'expérience vous guidera d'ailleurs bientôt dans ce choix, plus sûrement que la science.

MAITRE PIERRE. — Je conviens qu'avec un peu d'habitude on pourra arriver à ce résultat ; mais en diminuant par le reboisement l'écoulement des eaux, serons-nous, pour cela, à l'abri des inondations ?

L'INSTITUTEUR. — Impuissant pour arrêter les cataclysmes, l'homme peut cependant en amoindrir les ravages : n'est-il pas incontestable que par le reboisement et le gazonnement des pentes il retiendra l'eau des pluies et éloignera ainsi le danger des inondations ?

Les terres, les pierres et les rochers soutenus par la végétation n'iront plus alors grossir le volume des torrents.

Le ralentissement de l'écoulement des eaux ne préviendra-t-il pas, d'ailleurs, ces crues soudaines des fleuves et des rivières, moins dangereuses par l'impétuosité du courant que par l'élévation subite de leur niveau, et surtout par les dépôts de pierres, sables et graviers provenant de la dénudation des montagnes ? L'utilité des bois sous ce rapport n'est pas contestable.

Pour vous en convaincre, faut-il vous montrer, sur les bords des ruisseaux et des torrents, les arbres dont les racines seules ont retenu les berges et empéché ainsi l'invasion des eaux ? Ce fait renferme un grand enseignement et vous indique le remède contre les inondations.

Appliquez-le au point où le Valladas se déverse dans la vallée, et établissez sur ses bords deux larges bandes boisées d'abord en osiers, aulnes, saules, etc., parmi lesquels seraient disséminés des frênes, ormes, peupliers et chênes, et vous verrez le résultat.

Pendant les grandes crues, les eaux torrentielles battront d'abord les tiges flexibles de ces végétaux, et leur barrière mobile brisera l'impétuosité du courant ; sa force de transport diminuant alors dans la même proportion, il se formera, dans cette plantation, un dépôt des matières les plus lourdes et les plus grossières, telles que pierres et graviers ; et les eaux filtrées par cette zône boisée, se répandront ensuite sur les terres qu'elles féconderont de leur limon.

Les dépôts les plus considérables se formant toujours au même point, exhausseront peu à peu le sol de cette partie boisée, de manière à en former une digue naturelle, dont la végétation assurera la puissance et la durée.

Ce n'est pas tout. Pour bien combattre le mal, il faudra souvent l'attaquer à sa source, c'est-à-dire faire des plantations à la naissance des ravins existants au sommet des montagnes; c'est de là que viennent les pierres et les rochers. Mais, comment planter direz-vous, lorsqu'il n'y a plus de terre?

Il faut y en faire, et le moyen est assez facile.

Construisez pour cela, à une distance de 5 à 10 mètres les uns des autres, une série de petits barrages peu élevés en pierres, en bois ou en fascines (1). Comme à l'origine des ravins le volume des eaux n'est pas très-considérable, ils résisteront facilement au courant; arrêtées à chaque instant par ces obstacles, les eaux y déposeront peu à peu des pierres et de la terre dans lesquelles vous planterez et semerez ce que vous voudrez; consolidez les berges avec du gazon, et bientôt la végétation s'établira et se propagera dans le lit même du ravin de manière à lui enlever toute sa force. Etablissez simultanément ces travaux sur tous les versants et toutes les ravines d'un même bassin, et vous aurez enchaîné sous les mille racines des végétaux la fureur et la dévastation d'un torrent dangereux.

Les eaux descendront toujours des montagnes, mais sans impétuosité; leurs débordements féconderont les terrains au lieu de les dévaster et les inondations, devenues plus rares, seront alors aussi moins dangereuses.

(1) Voir note E, § 3.

Tout cela doit vous paraître bien savant, maître Pierre? et ce n'est pourtant que l'application du système de défense tel que l'enseigne la nature ; c'est ainsi qu'elle nous montre comment on doit arrêter et discipliner des forces devenues désastrueuses parce qu'elles ont été détournées de leur direction primordiale et bienfaisante.

Car il ne faut pas l'oublier, la Providence avait réparti dans un rapport proportionnel l'étendue des terres et des forêts, la cupidité inintelligente de l'homme a rompu cet équilibre, et de là les inondations. Tout s'enchaîne, en effet, sous l'empire de ses lois immuables et harmoniques ; lorsque l'homme les transgresse sur un point, le trouble se fait sentir plus loin, et la violence répond à la violence. — On a déboisé les montagnes, et la montagne dénudée a dévasté la plaine. — L'inondation a été la peine du déboisement.

On ne saurait, en conséquence, trop le redire : Si vous voulez régulariser le régime des eaux, prévenir leur débordement, convertir les torrents dévastateurs en rivières fécondes, et créer des sources ; reboisez les flancs des montagnes : voilà l'unique remède. Mais en attendant son application générale, commencez à faire disparaître de vos vallées les causes locales et voisines des crues torrentielles qui désolent vos campagnes (1).

Rappelez-vous toutefois que sur les digues, il est toujours plus avantageux de mettre une végétation

____

(1) Voir note E, § 4.

serrée, peu élevée et flexible, que d'y planter de grands arbres, qui, secoués avec violence par les orages, ébranlent le sol, occasionnent des fissures dans les levées et déterminent ainsi quelquefois leur rupture.

Enfin, pour en finir, et pour me résumer, retenez bien ce conseil salutaire :

> Le bois défend, le sol penchant.
>> Où la terre craint l'eau,
>> Plante un baliveau.

SIXIÈME DIALOGUE.

Du pâturage et du reboisement.

Point ne faut, aux moutons, sacrifier les bois,
Si l'on ne veut, aux champs, se trouver aux abois.

L'INSTITUTEUR. — Je crois que ce matin on s'est occupé des forêts, au Conseil municipal : tout le monde n'y était pas du même avis, suivant l'usage ?

MAITRE PIERRE. — En effet : le sous-préfet a demandé au maire de provoquer une délibération pour améliorer et reboiser les terrains communaux, et l'on a beaucoup discuté. Les uns prétendaient que le reboisement des collines, entraînant la réduction du parcours des moutons et des chèvres, enlèverait au pays ses plus grandes ressources ; d'autres soutenaient que cette opération était indispensable pour l'avenir de la commune ; quant à moi, je ne comprends pas trop comment on peut concilier le reboisement et le pâturage.

L'INSTITUTEUR. — Votre hésitation m'étonne plus que l'opposition des conseillers qui ont combattu ce projet ; ce ne sont pas, à coup sûr, les moins intéressés au maintien du libre parcours.

Mais ce qui ne me surprend pas moins, c'est de voir les habitants les plus pauvres et partant les plus nombreux, n'ayant la plupart qu'une chèvre, se ranger de leur avis ; et s'opposer, comme eux, à la création des forêts, où ils trouveraient, pendant l'hiver, leur chauffage, et en tout temps, le bois nécessaire pour réparer leurs maisons, outils, meubles, instruments aratoires, etc.

Ils n'y ont certainement pas réfléchi, car si les montagnes étaient boisées, l'exploitation des bois, fournissant du travail à tous, pendant la mauvaise saison, et lorsque les cultures sont terminées, empêcherait leurs enfants de déserter la commune, pour aller chercher, dans les villes et les manufactures, une occupation régulière. Une fois partis, ils ne reviennent plus ; les bras devenant plus rares, sont alors plus chers, les cultures plus difficiles et tout le monde souffre, excepté ceux dont les moutons s'engraissent gratuitement dans les pâtures communales, et qui s'enrichissent ainsi au détriment de tous.

A-t on, d'un autre côté, besoin de briques, de tuiles, d'assiettes, de chaux, de plâtre, etc., il faut tout aller chercher à la ville ; s'il y avait du bois pour alimenter des usines, on pourrait tout fabriquer sur place ou dans les environs.

On ferait alors moins de blé, on élèverait moins de moutons, diront les uns ou les autres ; qu'importe si cette diminution est largement compensée par le bénéfice réalisé sur une foule d'objets de première nécessité et par les avantages du commerce, qui viendrait approvisionner les ouvriers employés à ces travaux.

MAITRE PIERRE. — Il y aurait sans doute profit à ne pas tout faire venir de la ville et à avoir un peu de commerce. Mais nous voilà bien loin de nos moutons et des fumiers si nécessaires à l'agriculture.

L'INSTITUTEUR. — Nullement; quel fumier produisent donc les moutons constamment errants dans les champs? Aucun.—On les achète au printemps pour les engraisser et les revendre ensuite; c'est tout simplement un commerce que les riches propriétaires peuvent seuls se permettre, mais ce n'est pas là de l'agriculture.

Ne serait-il pas plus avantageux de remplacer les moutons par des vaches, qu'on emploierait d'abord aux cultures et aux transports, dont le lait servirait de nourriture, et qui, après avoir été engraissées, seraient vendues comme viande de boucherie. Tout serait bénéfice; et l'opposition que l'on fait aux reboisements, parce qu'ils restreindraient le pâturage des moutons et des chèvres, disparaîtrait, puisqu'on admet les vaches au parcours, dans les bois de 10 à 12 ans.

Reboisez une partie des vacants de la commune et, grâce aux sources venant des bois, on pourra améliorer les pâtures et entretenir des vaches, dont le fumier servira pour les cultures, et tout le monde y gagnera.

MAITRE PIERRE. — Cela est bel et bon, mais ne peut se faire en un jour; que deviendraient en attendant nos troupeaux et comment feront les pauvres gens qui n'ont qu'une chèvre ou quelques moutons?

L'INSTITUTEUR. — Oh! le gouvernement n'a jamais eu la prétention ni l'intention de changer du jour au lendemain les habitudes d'un pays; mais ne peut-on commencer, pour arriver graduellement et peu à peu à ce résultat, à reboiser, par exemple, chaque année, un dixième ou un vingtième des terrains les plus inclinés et les plus improductifs? Cinq ou dix moutons de moins, ce n'est pas une affaire. En quoi le pays pourrait il en souffrir? Cette réduction porterait sur les grands troupeaux et personne ne s'en apercevrait.

Quant à la diminution de la surface des pâtures, rien de si facile que d'y remédier en les améliorant ; Il suffirait pour cela de les diviser, suivant leurs qualités et leurs positions, par cantons de printemps, d'été et d'automne, en fixant proportionnellement à l'étendue des terrains le nombre des animaux admis au parcours. Que faudrait-il pour cela? une délibération du conseil municipal et un arrêté du maire (1).

MAITRE PIERRE. — Vous allez révolutionner le pays et faire crier tout le monde.

L'INSTITUTEUR. — Avez-vous oublié que ces terrains appartenant à la commune, tous les habitants y ont des droits égaux et qu'il n'est pas juste qu'un riche propriétaire, par ses nombreux moutons, absorbe toute la pâture? Quand on veut avoir beaucoup de bétail, il faut avoir des terrains pour les nourrir.

Vous trouvez la distribution de l'affouage équitable parce qu'elle se fait par tête au lieu d'être basée sur le nombre et la dimension des cheminées ou le besoin des habitants. Pourquoi départir autrement les avantages du parcours?

La majorité des usagers n'ayant que le nombre d'animaux fixé, les propriétaires de grands troupeaux

(1) Voir note F, § 1.

pourront seuls trouver à redire. Mais ils ont en poche, le moyen de se tirer d'embarras. Ceux qui ont le béné- fice doivent avoir les charges.

MAITRE PIERRE. — Tout cela est trop fort pour moi. Je crois bien cependant qu'il serait plus avantageux de ménager les terrains et de laisser pousser les herbes; mais il est plus facile de proposer une mesure que de l'appliquer.

Voici M. le maire, je suis persuadé qu'il sera de mon avis.

L'INSTITUTEUR. — Nous allons bien voir (*en saluant*). Bonjour, M. le maire!

LE MAIRE. — Bonjour, mes bons amis. De quoi parlez-vous donc de si bonne heure?

L'INSTITUTEUR. — D'un projet de reboisement sur lequel nous serions bien aise d'avoir votre avis.

LE MAIRE. — Tout à votre service, et avec d'autant plus de plaisir que M. le sous-préfet m'a déjà consulté à ce sujet; j'en ai parlé au conseil, on n'a pas pu s'entendre. Il serait, il est vrai, utile à la commune d'avoir des bois, car c'est le seul moyen d'augmenter ses ressources; mais je ne voudrais cependant pas sacrifier les pâturages qui sont la principale richesse des habitants.

L'INSTITUTEUR. — Ce sont là des principes de bonne administration, et je ne crois pas impossible de concilier tous les intérêts. Vous n'ignorez pas que les pâturages de la haute montagne se sont appauvris; chaque année les pluies ravinent les pentes et entraînent les terres. Les grands troupeaux de moutons qui nous viennent de la

Crau en sont la cause ; ils arrivent affamés, en quelques jours l'herbe nouvelle est dévorée ; après quoi ils arrachent et broutent les racines ; leur piétinement continu désagrége le sol, embourbe les plantes et les montagnes pastorales perdent ainsi chaque année de leur valeur (1).

LE MAIRE. — Et les revenus des communes diminuent ; on devrait bien interdire ce mode de location qui prive les habitants de leurs pâturages, ou, si cela était trop difficile, on devrait du moins le réglementer en limitant, suivant les cantons, le nombre d'animaux et en leur imposant une redevance proportionnée à leurs dégâts ; car si ces grands troupeaux procurent quelque argent aux communes ils font aux habitants une concurrence très-dommageable pour la laine et le bétail.

J'INSTITUTEUR. — Voilà précisément ce que je disais à maître Pierre. Pour améliorer les terrains communaux, il faut :

1º Réduire les troupeaux suivant la possibilité des pâtures ;

2º Fixer le nombre d'animaux que chaque habitant peut envoyer au parcours sans augmentation ou compensation possible ;

3º Établir en outre une taxe pour contribuer aux travaux d'entretien et d'amélioration, tels que semis, fumure, irrigation, clôture, etc.;

4º Diviser les communaux en pâturages de printemps, d'été et d'automne, afin de laisser les plantes mûrir, donner des graines sans s'épuiser et empêcher en

(1) Voir note F, § 2.

même temps les moutons de les arracher et de les dé-
vorer jusqu'aux racines.

Les troupeaux trouvant, par la suite, sur ces terrains
une nourriture plus abondante, on pourrait alors dis-
traire, sans inconvénient, les pentes les plus rapides
et les plus stériles pour en boiser annuellement le dixième ou le vingtième; et peu à peu le reboisement se
fera sans bouleverser les habitudes (1).

Enfin, si une portion de ces terrains était susceptible
de culture, il serait facile d'en tirer un excellent parti,
en la divisant en lots, suivant le nombre d'habitants;
chaque portion serait ensuite amodiée, soit à l'en-
chère, soit au sort, moyennant une redevance annuelle,
mais toujours à long terme, afin que chacun eût intérêt
à la bien cultiver et à l'améliorer sous tous les rapports.

LE MAIRE. — Oh! oh! Monsieur l'instituteur, comme
vous y allez; mais c'est le partage des biens que vous
demandez; vos idées sont absolument impraticables.
Vous oubliez que les terrains communaux sont à
tout le monde et que chacun a le droit d'en jouir suivant ses besoins. Que parlez-vous de taxe, pour enrichir la commune aux dépens des habitants? c'est plutôt
le contraire qu'il faut faire, attendu que l'opulence
des habitants fait la richesse de la commune.

Pourquoi mettre des entraves à la production des
troupeaux qui font la fortune du pays et celle des agri-
culteurs? Protégeons, au contraire, toutes les branches
de revenus, et surtout l'élève des moutons! Laissòns

(1) Voir note F, § 2.

les bois aux pays boisés et contentons nous de fournir la laine à l'industrie !

On s'est bien passé de bois jusqu'à ce jour, on peut s'en passer encore, et il n'en est pas de même de nos troupeaux. D'ailleurs, quel intérêt y aurait il pour les habitants d'avoir, par exemple, vingt hectares de bois ?

L'INSTITUTEUR. — Ne confondons pas, s'il vous plaît, monsieur le maire, la richesse des habitants avec celle de la commune. Une bonne administration municipale n'est pas sans influence sur la fortune des particuliers; en construisant des routes, des ponts, des fontaines, des lavoirs, des églises, des écoles, des halles, etc., elle accroîtra le commerce et augmentera le bien-être général.

Mais si la commune est mal administrée, la richesse des habitants ne l'enrichira pas, au contraire, car enfin, que feront les propriétaires aisés dans un pays sans ressources et sans communications? Ils l'abandonneront et iront chercher ailleurs les agréments dont il y sont privés et que leur fortune leur assure partout.

Au surplus, pourquoi admettre le partage et la taxe pour l'affouage et le rejeter pour le pâturage et les terrains communaux? Celui qui a mille moutons use mille fois plus des pâtures que le malheureux n'ayant qu'une chèvre, ou, pour mieux dire, il en use seul, parce que son troupeau dévore tout; cela n'est ni sage ni juste.

Ces terrains sont à tout le monde, dites-vous, et chacun doit pouvoir en user librement; d'accord, mais avec votre système le riche a tout et le pauvre n'a rien, ce qui n'aurait pas lieu si les portions étaient nettement délimitées ; **car** alors la certitude de trouver dans la récolte la rémunération du travail ferait améliorer la culture, et le revenu du pays s'en accroîtrait.

Tous les arguments favorables aux troupeaux ne profitent qu'aux propriétaires assez riches pour en posséder. Mais qu'en pensent ceux qui n'en ont pas?

Vous demandez ce que vaudront à la commune vingt hectares de bois en plus? et que gagneraient les habitants à voir vingt moutons ou chèvres de plus aux riches propriétaires? Rien, on peut s'en passer. Pourriez-vous toujours en dire autant du bois?

Qu'il s'agisse de construire ou de réparer un pont, ou un édifice communal : vous n'avez pas de bois, il faut l'acheter et le faire venir. Mais le budget est épuisé ; il faut alors voter des centimes additionnels. En voulez-vous?

Remarquez surtout qu'en divisant, par feu, le total de têtes de bétail à admettre au parcours, on ne le diminue pas ; seulement on intéresse, à la production des moutons, tous les habitants qui auront alors leur petit troupeau.

Je n'ai jamais pensé à rendre le parcours impossible, mais je crois qu'il faut le réglementer et ne conserver en pâtures que les terrains impropres à la culture et au reboisement.

LE MAIRE. — Votre sermon ne m'a pas converti, et je persiste à penser que puisque l'élève des moutons enrichit ceux qui en font commerce, il ne faut pas leur porter préjudice. De quel droit, d'ailleurs, enlèveraiton des terrains du parcours pour les reboiser ou les cultiver ?

L'INSTITUTEUR. — Du droit que vous confère les nouvelles lois sur la mise en valeur des biens communaux et les reboisements (1).

LE MAIRE. — Des lois nouvelles!... pour que le conseil municipal consentît à s'en servir, il faudrait d'abord qu'il...

L'INSTITUTEUR. — Qu'il en comprît les avantages, n'est-ce pas? et vous n'espérez pas le convaincre.

LE MAIRE. — Il faudrait pour cela être convaincu soi-même, et...

L'INSTITUTEUR. — Et vous ne l'êtes pas encore! eh bien! permettez-moi quelques observations, cela viendra peut-être :

Vous avez admis la nécessité d'une réforme pour les communes de la haute montagne, pourquoi la repousser ici? vous avez admis pour elles la répartition et la taxe; pourquoi ne pas les appliquer, si elles vous paraissent justes. — Doit-on renoncer à ces mesures uniquement parce que la majorité du conseil les rejette?

LE MAIRE. — Elles seraient acceptées à l'égard des troupeaux de la Crau, et vous parlez des moutons de la commune.

L'INSTITUTEUR. — Ne sont-ce pas toujours des moutons, causant les mêmes dégâts, et pour lesquels il faut les mêmes règlements? (2)

(1) Voir note F, § 3.
(2) Voir note F. § 4.

LE MAIRE. — Non, ce n'est pas la même chose, et tous vos raisonnements ne me décideront pas à en parler au conseil ; je n'obtiendrais rien, que des récriminations : dans votre intérêt même, n'en parlez pas trop, croyez-moi, et au revoir. (1).

MAITRE PIERRE. — Hé bien ! que vous disais-je ?

L'INSTITUTEUR. — Je n'y comprends rien ! est-ce que ce qui est bon pour les uns, ne l'est pas pour les autres ? M. le maire m'a caché la véritable raison.

MAITRE PIERRE. — Il craint sans doute l'opposition de son conseil.

L'INSTITUTEUR. — Il est vrai que, dans les communes rurales, on rencontre souvent des difficultés pour concilier les intérêts généraux avec ceux des particuliers.

MAITRE PIERRE. — C'est de là que naissent les abus. Consacrés par le temps, ils passent dans l'*usage*, et sont ensuite très-difficiles à déraciner.

L'INSTITUTEUR. — Mais alors comment faudrait-il faire pour réaliser cette amélioration ?

MAITRE PIERRE. — Persuader peu à peu que le reboisement et la réglementation du pâturage sont des mesures très-utiles, et amener ainsi l'autorité à en prendre l'initiative.

L'INSTITUTEUR. — Il est vraiment incroyable que des gens sensés préfèrent des pentes incultes à des forêts, et de mauvais terrains à de bonnes pâtures.

MAITRE PIERRE. — On préfère bien des sentiers de mulets à de bonnes routes : voyez ce qui se passe pour

(1) Voir note F, § 5.

les chemins ; chacun craint de travailler pour son voisin. Y a-t-il un mauvais passage, tous reconnaissent l'urgence des réparations, mais personne ne veut y prendre part, dans l'espoir que d'autres les feront ; aussi en est-on réduit à employer, pour les routes, le moyen auquel on sera forcé d'en venir pour le reboisement, c'est-à-dire l'expropriation et les prestations.

Le gouvernement n'a qu'à commencer, dès qu'on se verra dans l'obligation de faire ces travaux, chacun les entreprendra et continuera ensuite volontairement ; si on ne contraint pas un peu dès le début, on n'obtiendra rien : car enfin, *qui veut la fin, veut les moyens.*

L'INSTITUTEUR. — Rappelez-vous aussi le proverbe : *Aide-toi et le ciel t'aidera,* mais je vois bien que personne ne veut commencer, et on ne reboisera que lorslorsqu'on s'apercevra, mais trop tard, que :

> Point ne faut, aux moutons, sacrifier les bois,
> Si l'on ne veut, aux champs, se trouver aux abois.

SEPTIÈME DIALOGUE

Des forêts par rapport aux vents et à la température, et de leur importance relativement à l'intérêt général.

> L'arbre étant pris pour juge,
> Ce fut bien pis encore. Il servait de refuge
> Contre le chaud, la pluie et la fureur des vents;
> Pour nous seuls il ornait les jardins et les champs :
> L'ombrage n'était pas le seul bien qu'il sut faire...
> (*Lafontaine.*)

MAITRE PIERRE. — Continuons-nous nos courses forestières aujourd'hui? ce n'est qu'en étudiant de près la nature, qu'on en apprécie toutes les ressources.

L'INSTITUTEUR. — Elles sont inépuisables : je vous ai déjà montré les forêts formant les engrais, retenant le sol, conservant les eaux qui le fécondent, tout en opposant des barrières aux inondations; hé bien, ce n'est pas tout, elles servent encore d'abri contre les vents, et il importe de vous faire connaître, sous ce rapport, leur influence protectrice.

Si vous êtes allé dans les plaines du Comtat, vous avez pu voir la plupart des champs entourés d'une haie de roseau, de maïs ou de cyprès; c'est pour abriter les cultures contre la violence du mistral ; car aujourd'hui comme jadis c'est encore notre grand ennemi :

> « Le Mistral, le Parlement et la Durance,
> Sont les trois fléaux de la Provence. »

MAITRE PIERRE. — Le Parlement n'existe plus, mais en revanche la Durance et le Mistral surtout, ont redoublé de violence : je crois que vos haies de maïs et de roseau ne doivent pas tenir longtemps devant lui.

L'INSTITUTEUR. — C'est ce qui vous trompe ; une barrière en planche ou un mur pourrait être enlevé ou renversé, tandis que ces haies résistent : opposant au vent un obstacle élastique, elles triomphent de sa force en la divisant (1). Qu'une tempête s'abatte sur les flancs dénudés d'une montagne ; elle ébranlera les rochers, soulèvera les pierres et renversera les arbres isolés ; loin de la calmer les obstacles redoublant sa furie, elle rebondira et formera dans les vallées ces trombes qui dévastent les récoltes.

Mais qu'elle éclate sur un versant boisé ; chaque arbre, chaque branche pliera sous l'effort du vent et arrêtera son impulsion par son élasticité ; l'ouragan sera tamisé et absorbé par le bois sans qu'il y ait de reflux dans les environs.

Dans une plaine, le résultat sera le même ; un rideau de bois suffira pour arrêter et préserver d'un vent impétueux. Vous savez combien les grands courants d'air amènent de pluies, d'orages et de brusques changements

---

(1) Voir note G, § 1.

de température si nuisibles aux récoltes ; hé bien, les bois suivant leur position en plaine, au bord de la mer, sur les sommets ou les versants des montagnes, pourront seuls prévenir ces transitions subites de chaleur et de froid.

Ce n'est pas sans raison que la nature avait placé dans les plaines et les vallées la végétation riche et délicate : les montagnes devaient leur servir d'abri et les versants primitivement boisés lui fournir des sources abondantes, tout en les préservant de la furie des vents. Aussi lorsque les cultures et les défrichements ont dénudé les pentes, les vallées ont le plus fortement ressenti les conséquences de ce changement.

Rien ne vaut les taillis et la futaie pour abriter les cultures, surtout contre les vents. Souvenez-vous en, maître Pierre, et ne considérez pas comme insignifiant ce proverbe déjà ancien en Provence :

> Plante du bois, devant ton champ,
> Si tu veux le garder du vent.

MAITRE PIERRE. — Je suis honteux de moi-même, en songeant à mon ignorance sur tout cela.

L'INSTITUTEUR. — Hé bien, pour achever, laissez-moi vous dire encore quelques mots sur l'utilité des bois en général. L'économie agricole comprend deux choses :

1^0 la vente des produits qui peuvent être consommés sur place ou exportés;

2^0 la culture proprement dite.

En ce qui concerne les produits, dans un pays percé de bonnes routes, les habitants doivent exclusivement s'adonner aux récoltes les plus productives, par rapport au sol ; parce qu'on leur apportera en échange tous les produits étrangers qui leur font défaut et même les engrais.

Dans les contrées où les communications sont difficiles et les frais de transport considérables, il faut cultiver sur place tout ce dont on a besoin. Or, parmi les objets de première nécessité, le bois vaut le blé ; sans lui, pas de maisons, de meubles, de charrettes, de charrues, et surtout pas de combustibles soit pour le chauffage, soit pour la cuisson des aliments.

Quant à la culture proprement dite, elle doit être subordonnée au sol et au pays. Rien n'est irréfutable comme un fait : voyez les pentes et les ravins des Alpes, le Ventoux, une partie du Luberon, Sainte-Victoire, etc., toutes ces montagnes étaient dans le temps boisées, arrosées et fertiles ; les cultures inintelligentes, les écobuages, les mauvaises exploitations, les abus de pâturages en ont fait des rochers stériles. Voilà l'inévitable résultat des vicieuses méthodes d'agriculture et quel est l'avenir réservé aux pays qui les pratiquent.

Les forêts sont, comme je vous l'ai déjà dit, l'épargne de la terre ; elles sont destinées à renouveler et augmenter sans cesse ses forces productives, autant qu'à modérer et réprimer les actions contre lesquelles toute la puissance de l'homme serait vaine. On peut les considérer comme les régulateurs de la création, et ce n'est qu'après qu'elles auront été réparties, sur la surface du sol dans une juste et équitable proportion qu'on

verra disparaître le fléau des inondations (1), les brusques alternatives de chaleur et de froid, de pluie et de
sécheresse.

On aura abandonné alors les vicieuses méthodes d'exploitations que la routine et la paresse entretiennent fâ-
cheusement dans les campagnes. Alors aussi cesseront,
cette inégale répartition des misères et des mécomptes,
ces brusques variations d'équilibre dans la production,
la dépopulation et l'appauvrissement des campagnes qui
ruinent le cultivateur par le renchérissement de la main-
d'œuvre : d'autre part aussi s'arrêtera l'accroissement
désordonné de la population des villes, dont les moin-
dres conséquences sont l'avilissement des prix, la mi-
sère et la dégradation des travailleurs.

En résumé, le reboisement des montagnes diminuera
il est vrai l'étendue des mauvais terrains à pâturage et
réduira peut-être les cultures ; mais en augmentant, au
moyen des sources, la fertilité des prairies et par suite
l'élève du bétail et la production du fumier, il accroîtra
ainsi les récoltes et concourra puissamment, sous tous
les rapports, au bien-être et à la prospérité du pays (2).

Voilà ce que voulais vous dire en finissant, pour
vous démontrer toute l'importance des forêts, et combien le reboisement entrepris par le gouvernement est
un travail utile, et méritoire que chacun devrait aider
de tout son pouvoir.

MAITRE PIERRE. — Hé bien, ma foi, c'est décidé ; j'ai-

(1) Voir note G, § 2.
(2) Voir note G, § 3.

derai mon propriétaire à reboiser son coteau, ne serait-ce que pour donner l'exemple ; mais en cela j'aurais besoin de vos conseils et de vos leçons, afin de savoir ce qu'il faut semer ou planter et la méthode à employer.

L'INSTITUTEUR. — A notre prochaine rencontre, nous traiterons cette question.

HUITIÈME DIALOGUE

Moyens pratiques de reboisement.

Mes arrières-neveux me devront cet ombrage.
(LAFONTAINE).

L'INSTITUTEUR. — Si matinal, Maître Pierre ! vous voilà bien, comme les nouveaux convertis, impatient de planter partout et d'avoir de grands bois.

MAITRE PIERRE. — C'est vrai, et plus je pense aux services que rendent les forêts, plus j'ai hâte de me mettre à l'œuvre et de donner l'exemple.

L'INSTITUTEUR. — Avant de se jeter ainsi dans une entreprise, il faut bien se pénétrer du but que l'on veut atteindre, afin d'employer les meilleurs moyens, Les terrains à reboiser peuvent se ranger en trois catégories : il faut avant tout les connaître, ce sont :

1º les sols dénudés, ravinés, pierreux ou rocheux ;

2º les pâtures ruinées ou clair-semées d'arbres ou d'arbustes ;

3º les bois abroutis ou dévastés.

I.— Dans les terrains complétement dénudés, ravinés et pierreux, où il serait à peu près impossible d'entreprendre, dès le début, des travaux sérieux de reboisement, on doit commencer par créer un repeuplement de transition et d'abri. On devra, pour cela, employer les genêts, buis, sorbiers, genévriers, cytises, fustets, etc. et même quelques plantes fourragères, afin de fixer la terre, abriter le sol, former de l'humus et protéger les semis ou plantations à venir.

Les clématites et les ronces pourront dans ces circonstances être employées très-utilement pour fixer les pierres roulantes, retenir les berges des ravins et garnir les sols infertiles ou trop secs.

II.—Quant aux pâtures ruinées, dont les pentes n'excédent pas 30 ou 40 p. 0/0, on les améliorera en y semant les herbes de nature à s'y propager le plus facilement, tout en fixant le terrain. — Dans les parties plus inclinées, vous établirez des bordures, des bosquets ou des haies vives, par le semis ou la plantation, en donnant la préférence aux bois du pays qui présentent une végétation vigoureuse, dans des circonstances analogues.

S'il y avait déjà quelques arbres ou arbustes, il faudrait les conserver avec soin ; et s'en servir pour l'établissement des haies transversales.

Le premier résultat de ces travaux sera de fournir de l'ombre et un abri aux troupeaux tout en garantissant le sol.

Enfin, sur les versants rapides, les végétaux existant, permettant de faire, immédiatement, quelques semis de bonnes essences, sont un précieux auxiliaire pour le reboisement.

Notez bien qu'il s'agit ici des particuliers ne pouvant pas, en général, planter de grandes masses de bois mais désireux de conserver des pâturages, en ne faisant servir le reboisement qu'à la consolidation du sol. Dès lors on ne doit pas oublier que le gazonnement complet, avec des bandes ou de fortes haies transversales, donne un excellent résultat.

III.—S'agit-il de régénérer des bois abroutis? le recepage, les bonnes exploitations, la plantation des vides, et surtout l'éloignement des troupeaux, suffiront pour les remettre en état, de manière à donner de bons produits.

Sur un terrain dénudé, la végétation va toujours graduellement ; ses premiers essais sont les herbes et les gazons ; les arbustes viennent ensuite comme transition pour approprier le sol à la végétation des forêts.

N'oubliez pas surtout qu'avant toute chose, il faut conserver et améliorer ce qui existe : pas d'inutiles essais ; ne recherchez point les essences rares ou précieuses ; semez ou plantez ce qui vient le mieux dans le pays, ce que vous connaissez bien, et vous réussirez. Lorsque votre sol sera complétement gazonné ou reboisé, vous pourrez alors essayer de propager ou d'acclimater d'autres essences.

On doit aussi dans ces travaux tenir compte des expositions ; mettre les bois au sud, à cause des orages, et les pâtures au nord, à cause de la fraîcheur. Il n'y a cependant rien d'absolu : le mieux est de suivre les indications du terrain qu'il faut consulter avant tout ; on pensera ensuite aux produits, tout en cherchant à concilier le reboisement avec l'amélioration des pâturages.

Dans une situation convenable pour y créer une forêt,

vous pourrez obtenir d'excellents résultats par la plantation. Il faut pour cela repiquer à 1 mètre de distance environ, des plants de 1 an et 2 ans, d'essences variées et paraissant convenir au sol.

Lorsque après deux ou trois ans la végétation languit, on recèpe alors les jeunes sujets, excepté les essences résineuses, et si vous avez soin d'éloigner les troupeaux vous aurez une belle coupe de taillis à exploiter à 20 ans, suivant la qualité du sol et les essences employées.

Toutefois, à moins de circonstances particulières, le semis est en général préférable à la plantation.

Pour reboiser une superficie considérable, il sera toujours avantageux, suivant la qualité, la profondeur et l'exposition du terrain, de choisir les bois qui viennent le mieux, sur les lieux même ou dans la localité et se régénèrent facilement de souches ou de semences.

Le chêne et le cèdre conviennent aux élévations moyennes, mais sur les montagnes, le mélèze, l'épicea et le sapin doivent être préférés. Sous un abri, le hêtre pourra être semé avec succès.

Dans les parcelles isolées, d'une déclivité variable, dont le reboisement est indispensable, mais que des intérêts particuliers obligent à conserver en pâtures, pour ménager les habitudes locales, il sera bon, dans le Midi surtout, d'employer le pin d'alep et l'ailante (1). Ces deux arbres n'ont pas besoin d'un sol fertile et profond ; ils réussissent presque partout ; leurs racines traçantes

(1) Note II, § 1.

pénètrent dans les pierres et les fentes des rochers, et préviennent ainsi les éboulements.

L'ailante croît très-vite dans les plus mauvais sols, et le pin d'alep vient assez bien, même dans les terrains les plus ingrats et les plus secs, parce que comme la plupart des résineux, il puise une partie de sa nourriture dans l'air; ses aiguilles améliorent la terre, et les jeunes plants ne craignent pas (l'ailante surtout), les ardeurs du soleil.

Ces arbres, respectés en général par les moutons, offrant l'inappréciable avantage de laisser croître le gazon sous leurs feuillages, permettent ainsi d'opérer le reboisement sans exclure, dès le début, le parcours des troupeaux.

MAITRE PIERRE. — Mais pourquoi réunir le pâturage et le reboisement ? A mon avis, il serait préférable d'affecter un canton séparé à chaque culture.

L'INSTITUTEUR. — Sans doute, mais comme tout le monde ne pourra pas se priver immédiatement de ses pâtures, il faudra souvent employer un système mixte, pour éviter des résistances dangereuses.

Ainsi, par exemple, le coteau de votre ferme doit être reboisé, il offre cependant quelques parties bonnes à conserver en pâturages : semez-les en ailantes ou en pin d'alep, par potets ou trous espacés de deux mètres et entourez ces semis de quelques branches sèches, pour les garantir pendant les premières années du piétinement du bétail.

A trois ou quatre ans, les jeunes sujets auront pris de la force et couvriront un peu le sol ; à cinq ou six ans, ils s'élanceront et n'auront plus rien à redouter des troupeaux ; enfin à huit ou dix ans, ils garniront le terrain qui, grâce à leur abri et à l'engrais des feuilles. se gazonnera de plus en plus, jusqu'à ce que le couvert, devenu complet, étouffe enfin les herbes.

Pendant la première période, le parcours aura été amélioré, et lorsqu'il sera devenu impossible, les revenus du bois (résine, bourgeons, perches, etc.) compenseront les frais d'établissement des prairies qu'on sera obligé de créer pour l'entretien du bétail.

MAITRE PIERRE. — Cette combinaison me paraît bien avantageuse, et je me propose de l'appliquer. Mais comment se font ces semis ?

L'INSTITUTEUR. — A deux mètres de distance en distance, vous retournez à la pioche, un carré de gazon de 0m20 c. de côté ; vous répandez la graine, et avec un balai de genêts ou de bruyère vous la recouvrez d'un demi-centimètre de terre environ pour le pin d'alep, et de 2 ou 3 centimètres pour l'ailante; 6 à 8 kilogrammes de graines de pin ou d'ailante suffisent pour semer un hectare. Il en faudrait le double si on voulait ensemencer complètement le terrain par bande.

En préparant ces potets ou les bandes, au moment du semis, il faut défoncer légèrement le sol sans l'ameublir trop profondément, ce qui pourrait le dessécher et nuire ainsi à la germination des semences.

Pour assurer la réussite des semis à effectuer au printemps, il est très-avantageux de préparer le terrain avant l'hiver, afin que le froid fasse périr les insectes, divise et améliore la terre.—Car, vous le savez, maître

Pierre, les sols nouvellement remués ne deviennent fertiles qu'après avoir ressentis, pendant quelque temps, les influences de l'air, de la chaleur et du froid.

Une autre bonne précaution à prendre, au moment du semis, sera de faire ouvrir, dans le terrain préparé, un petit sillon ou un petit trou et d'y placer les semences de manière à leur ménager un léger abri, au moyen du rebord des potets ou de bandes. Cette disposition aura pour résultat de retenir les eaux pluviales, d'entretenir un peu de fraîcheur, ce qui facilitera la germination des graines et enfin de soustraire les plants à l'action directe et brûlante du soleil. D'un autre côté, vous pourrez, par ce moyen, éviter que la succession des gelées, suivies de dégels pendant la journée, ne fasse périr vos jeunes arbres, en soulevant et déchaussant leurs racines.

Quant aux pentes couvertes de rochers ou de cailloux, il suffirait d'y répandre les graines à la volée, celles qui tombent dans les intervalles des pierres et les fentes des rochers germent parfaitement. Dans ces terrains on peut, pour assurer la réussite des semis, mélanger les graines avec de la terre, peu argileuse, et du fumier délayé dans de l'eau, et jeter ou placer, par petits tas, dans les interstices des pierres, ce mélange, qui doit seulement avoir assez de consistance pour y rester adhérent; ne pouvant pas être entraînées par les eaux ni dévorées par les oiseaux ou les insectes, les graines, ainsi préparées, germent très-bien. Ce procédé augmente la main-d'œuvre, mais économise la graine et assure le succès.

Tous ces semis faits au printemps, dans le courant des mois de février, mars, avril et quelquefois mai, surtout avant la pluie, réussissent généralement bien.

Dans ces travaux, je vous le répète encore, il n'y a pas de règles absolues, il faut toujours préférer les arbres et les plantes qui paraissent convenir au sol et en suivre les indications. Enfin, si vous êtes embarrassé, voici encore le moyen le plus simple : d'après la nouvelle loi sur le reboisement, adressez-vous à l'administration des forêts, elle vous donnera de l'argent, des graines et des plants, vous aidera de ses conseils et de ses exemples, et, au besoin, enverra des employés pour diriger vos travaux (1).

MAITRE PIERRE. — M. l'instituteur on apprend à tout âge ; et il n'est jamais trop tard pour mieux faire.

L'INSTITUTEUR. — Et pour planter !

MAITRE PIERRE. — Oui, pour planter et pour reboiser.

L'INSTITUTEUR. — Et bien vous ferez, non-seulement pour vous, mais aussi pour les votres : *Qui bien fera biens laissera !*

L'avenir est à la charge du présent, et ce sont les affaires de la postérité que vous faites avec les vôtres. Ne laissez pas, à ceux qui viendront après vous, une terre ruinée par votre cupidité et le droit de vous maudire ; ne vaut-il pas mieux qu'ils bénissent votre mémoire ?

MAITRE PIERRE. — Oui, et ils la béniront sous les arbres mêmes que j'aurai plantés.

(1) Voir note H, § 2.

L'INSTITUTEUR.

—Vos arrières neveux vous devront leur ombrage !

Nous ne pouvions mieux finir nos entretiens que par cette bonne pensée.

Vous le voyez, Maître Pierre, on devient meilleur à étudier les œuvres de Dieu, parce qu'on apprend ainsi à les respecter, et le sage est celui qui en comprend et observe le mieux les lois.

21 octobre 1862.

FIN DES DIALOGUES

NOTES

—

Note A. — PREMIER DIALOGUE

§ 1. — Le fumier manque, dit-on, en Provence. Quiconque en a parcouru les fermes et les villages n'en sera pas surpris, en voyant la manière dont on le soigne. Le fumier se fait, la plus part du temps, en dehors des écuries et dans les rues, exposé au soleil, au vent et à la pluie. Toutes les eaux de purin, c'est-à-dire le meilleur de l'engrais, sont en général perdues ; et les mêmes individus qui ramassent sur les routes les déjections des animaux, dédaignent l'engrais humain, dont on obtient de si beaux résultats dans le Nord.

D'où vient cette anomalie et ce mépris pour un engrais si riche, sinon d'un préjugé qu'il sera bien difficile de détruire !

Pourquoi, demanderons-nous aussi aux cultivateurs de la Provence, après avoir répandu votre fumier sur vos terres, le laissez-vous, si longtemps exposé aux intempéries de l'air, sans l'enterrer ? En avez-vous donc trop, où êtes-vous trop riches, pour laisser, ainsi, évaporer une partie de vos revenus ?

Quand donc pourrez-vous montrer, avec orgueil, dans vos métairies, ces énormes tas de fumier, tous les jours arrosés avec le purin, et considérés, à juste titre, comme le trésor de la ferme ?

Il est bientôt temps d'y réfléchir ! Vous ne voulez pas suivre les progrès de l'agriculture, et cependant ce ne sera que lorsque le fumier sera bien fait, bien soigné et bien employé, qu'il ne manquera plus.

§ 2.—M. Ed. Lecouteux (*Principes de la Culture améliorante*, p. 35), fait ressortir les avantages de cette méthode : il suppose deux fermes semblables, dans lesquelles les fumures seules varient. Dans la première, où la quantité d'engrais est limitée, on ne peut récolter en moyenne plus de 14 hectolitres de froment à l'hectare, tandis que dans la seconde on fume le sol au maximum et on sature la terre d'engrais de manière à récolter 28 à 30 hectolitres par hectare.

Voici, à ce sujet, les calculs extraits de la comptabilité de la ferme de Roville et fournis par Mathieu de Dombasle.

FRAIS FIXES.

Frais par hectare.	Petite fumure.		Fumure maximum.	
Loyer	45 f.		45 f.	
Frais généraux	52	186 f.	52	186 f.
Travail de culture	43		43	
Semences	46		46	

FRAIS VARIABLES.

Frais par hectare.	Petite fumure.		Fumure maximum	
Fumures	74 f.	108 f.	148 f.	204 f.
Récolte et battage	34		56	
Total par hectare	294 f.		390 f.	
A déduire valeur de la paille	50		80	
Reste à reporter sur le grain	244 f.		310 f.	
Récolte à l'hectare (grain)	14 hectolitres.		28 hectolitres.	
Prix de revient de l'hectolitre	17 fr. 42 c.		11 fr. 07 c.	

Quoique les différences de fumure n'amènent pas toujours des écarts aussi considérables, on comprend, cependant, que les bénéfices ainsi que les récoltes augmentent avec les fumures maxima.

(LECOUTEUX. *Principes de la Culture améliorante*).

Note B. — DEUXIÈME DIALOGUE.

M. Ch. de Ribbes recommande l'emploi du *psoralier bitu-meux* (*psoralea bituminosa*), appelé aussi en Provence, *trèfle-puant, cabreireta, cabridoula limoucada, engraisso-mou-toun, luzerno-fèro, baricot fer*, et pense que cette plante peut être employée avec succès au gazonnement des montagnes.

« La qualification provençale d'*engraisso-moutoun*, est, dit-
« il, significative, et montre tout ce qu'on peut attendre de cette
« plante pour l'alimentation du bétail. Sa racine, qui devient
« très-forte, pénètre jusque dans le poudingue et lui permet de
« demeurer verte longtemps. Elle croît naturellement en des
« lieux secs, arides et pierreux. » Plus loin il ajoute :

« Une plante vivace, peu difficile, préférant les climats chauds,
« les expositions au midi, et y prospérant, fournissant au mou-
« ton une nourriture saine et abondante, que pourrions-nous
« désirer de plus en Provence ? Et que trouverions-nous de
« mieux à employer sur un sol brûlé, de plus en plus appauvri,
« soumis aux fléaux alternatifs de la sécheresse et des orages ? »

« Quant aux semis, dit-il, il faut les effectuer en février ou
« en mars, à la veille ou le lendemain des pluies, et, ce qui
« vaut mieux encore, sur la neige.

« Le psoralier atteint son développement complet après six
« ans ; il est ensuite éternel. Il importe de le garantir du trou-
« peau pendant cette période, et plus, peut-être encore, lorsque
« parvenu à tout son degré de croissance, il doit produire et
« répandre la quantité de graine nécessaire au gazonnement
« intégral. » (Le *Psoralier bitumeux*, par M. Ch. DE RIBBES.
Revue agricole et forestière de Provence, 5 mars 1862).

D'après cet auteur, les tiges du psoralier peuvent s'élever de
0m70 à 1 m. de hauteur ; on le coupe et récolte comme le foin,
les chevaux et les moutons le mangent très-volontiers. Il a été

employé avec succès au gazonnement des pentes, par M. de Gombert, à Sisteron (Basses-Alpes).

On en recommande vivement l'emploi.

On pourrait aussi utiliser le sainfoin sauvage, *esparcette de roche (Onobrychis saxatilis)*, signalée par M. Bartélemy, secrétaire du Comice agricole d'Aix. Cette plante vient dans les lieux les plus arides, dans les roches, à l'exposition du midi.

M. François Marie (*Moyen de prévenir les inondations et d'accroître les bois et les pâtures de la Haute et Basse-Provence*), propose pour le gazonnement des pentes l'emploi des espèces suivantes : Le trèfle nain blanc de Hollande, la grande pimprenelle, la luzerne rustique, l'avoine blonde épurée, la brise tremblante, le brôme doux, la canche flexueuse, le dactyle pelotonné, la flouve odorante, la fétuque élevée et la fétuque traçante. Que l'on fasse des essais, et on trouvera les plantes convenant à chaque terrain.

Toutefois pour les ravins et rochers escarpés le psoralier et le sainfoin sauvage peuvent être employés avec certitude de succès.

Note C. — TROISIÈME DIALOGUE

§ 1. — Il résulte des expériences faites par MM. Jeandel, Cantegril et Bellaud, sous-inspecteurs des forêts (*Études expérimentales sur les inondations*) sur les surfaces boisées et non-boisées des bassins de la Zorn, affluent de la Moder et de la Bièvre (département de la Meurthe), que l'écoulement superficiel des eaux est puissamment modifié par la végétation. Voici les résultats obtenus :

Coefficients généraux d'écoulement superficiel	Bassin boisé	0,079.
	Bassin déboisé	0,127.
Coefficients généraux d'action inondante	Bassin boisé	0,0213.
	Bassin déboisé	0,0391.

Les avantages de la végétation sur les pentes et par rapport à l'écoulement des eaux pourraient être formulés en loi, ainsi qu'il suit : *sur des terrains identiques. la force, la rapidité, le temps et l'importance des écoulements superficiels, sont en raison directe de la pente et en raison inverse de la végétation.*

§ 2. — M. de Humbold évalue, qu'en raison de ses organes foliacés, un arbre représente une surface de *plusieurs milliers* de fois supérieure à la section horizontale de son feuillage.

D'après cela, on a calculé que la quantité de pluie, retenue ou absorbée par le seul fait de la végétation sur un terrain boisé, est représentée par une couche de liquide de 15 à 30 millimètres d'épaisseur, ce qui donne un volume de 150 à 300 mètres cubes par hectare.

En outre, le lit de feuilles mortes, existant dans les forêts, retient par la capillarité un très-grand volume d'eau; l'humus, très-abondant dans les bois et dont l'hygroscopicité est de 190 pour 100 (celle des terres sablonneuses est de 25 pour 100 et celle des terres argileuses de 50 à 90 pour 100), contribue aussi puissamment à l'absorption des liquides.

Les brouillards et la rosée, condensés par les feuilles, sont encore une des causes qui entretiennent la fraicheur et l'humidité du sol dans les forêts de montagnes.

§ 3. — Un autre bienfait des forêts, c'est que leur sol étant à l'abri des brusques variations de température, la fonte des neiges n'y a jamais lieu subitement; il s'en suit que, non-seulement, la formation des avalanches y est presque impossible, mais encore les bois arrêtent souvent, celles qui s'échappent des terrains supérieurs.

§ 4. — D'après les expériences de M. Dausse, ingénieur des ponts-et-chaussées, il est reconnu que toutes choses égales, et jusqu'à une certaine limite, le produit de la pluie est, dans un temps donné, d'autant plus considérable, que le lieu que l'on considère est plus élevé au-dessus du niveau de la mer, et cela, à cause de la température qui y règne ; de telle sorte que les points culminants d'une chaîne de montagne, étant ceux où il tombe le plus d'eau, ce sont ceux-là qu'il faut reboiser de préférence pour empêcher les écoulements trop rapides, faciliter l'absoption de l'eau, ainsi que pour l'entretien des sources et la conservation du sol.

Note D. — QUATRIÈME DIALOGUE.

§ 1. Dans plusieurs pays, et dans le Var notamment, bien des gens affirment que le pâturage des chèvres et des moutons préserve les forêts des incendies, parce que le passage de ces animaux brise les branches sèches et que leur piétinement en active la décomposition ; la preuve, disent-ils, c'est que les incendies n'éclatent que dans les forêts où le parcours est interdit.

N'est-ce pas plutôt la preuve de la malveillance des bergers qui, cherchent ainsi à justifier ce préjugé, dans l'espoir que l'administration des forêts accordera le parcours de ces animaux, pour préserver les forêts des incendies, dont les auteurs restent la plupart du temps inconnus.

Généralement, les abus de pâturages proviennent du défaut de surveillance des bergers (ce sont quelquefois des enfants de cinq à six ans) qui jouent et abandonnent leurs troupeaux sans comprendre le mal qu'ils causent par leur négligence.

§ 2. — L'exploitation des forêts comprend des opérations trop complexes pour trouver place dans un dialogue, et nous allons ajouter ici quelques éclaircissements sur ce sujet.

On devra veiller à ce que les coupeurs (bucherons) n'emploient que des instruments bien tranchants (dans certaines localités, il est indispensable d'établir dans les coupes une meule à aiguiser) ; la section devra toujours être faite de bas en haut en ménageant le pourtour des souches où poussent les rejets.

Le chêne vert et les essences qui drageonnent pourront être coupées très-bas et même entre deux terres. Le hêtre, au contraire, doit être exploité un peu haut, parce que les bourgeons ne se montrent que sur le jeune bois, et même sur chaque souche il faudra toujours réserver au moins un brin. L'abatage doit avoir lieu après la chûte des feuilles et lorsque la sève est arrêtée. L'hiver est la saison la plus favorable ; cependant, il faudra suspendre cette opération pendant les fortes gelées, pour éviter de faire éclater les souches.

On devra, autant que possible, façonner les produits avant la pousse des feuilles, afin de ménager les jeunes rejets ; de même, le transport s'effectuera l'hiver, alors que la gelée rend le charroi plus facile. On évitera de mutiler et d'élaguer trop fortement les réserves. Dans certains cas, les gros arbres devront être ébranchés avant leur chûte, ou immédiatement après pour ménager les jeunes semis.

Les arbres de réserve seront choisis autant que possible parmi les brins venus de semence, peu branchus et assez fort pour ne pas être brisés ou courbés par le vent et la neige lorsqu'ils seront isolés. Ils devront être assez espacés, de manière à ne pas donner trop d'ombrage, ce qui nuirait au développement du taillis. En pente et au nord, on en diminuera le nombre qui peut être augmenté au midi et dans les sols légers ; bien que la quantité de réserve varie d'après leurs dimensions, leurs essences et leurs branchages, on peut néanmoins laisser de 50 à 70 baliveaux par hectare sans inconvénient et dans presque toutes les situations.

L'âge des exploitations doit être réglé d'après les essences et les produits que l'on veut obtenir. Les taillis de huit à quinze ans donnent des bourrées, fagots, cercles et objets de vannerie ; mais les perches et les menus bois de charpente et d'industrie ne se trouvent que dans les taillis de vingt à trente ans. Pour la fixation de l'âge d'exploitation, la qualité du sol devra toujours être prise en considération.

Les révolutions les plus usitées sont de huit, dix et quinze ans pour le châtaignier, saule, coudrier et autres morts-bois, chêne-kermès, etc.

De quinze à vingt-cinq ans, pour les aulnes, bouleaux, trembles, sorbiers, mérisiers, alisiers, chêne vert, etc.

De vingt-cinq à trente-cinq ans pour les chênes, hêtres, charmes, ormes, érables, frênes, etc.

Dans ce dernier cas, il sera avantageux de pratiquer des nettoiements périodiques au milieu de la révolution pour en extraire les brins traînants et dominés qui perdent de leur valeur et attirent les délinquants.

Ces opérations lucratives favorisent la croissance du bois et éloignent le danger des incendies.

L'exploitation des futaies nécessite d'autres soins et l'application d'autres règles pour lesquels on devra consulter le *Cours élémentaire de Culture du bois,* par M. Parade, directeur de l'école forestière de Nancy.

On trouvera aussi d'utiles renseignements sur l'exploitation des forêts dans le *Guide pratique et raisonné du garde forestier,* par M. Bouquet de la Grye, sous-inspecteur des forêts.

Note E. — CINQUIÈME DIALOGUE.

§ 1. — Si l'on veut avoir un exemple frappant de la résistance qu'oppose la végétation à l'entraînement des terres, on n'a qu'à prendre une motte de gazon, dont on exposera les racines à un courant d'eau rapide, en prenant note du temps nécessaire pour que l'eau entraîne la terre adhérente aux racines ; en plaçant ensuite, dans les mêmes circonstances, une motte de terre du même volume, la différence du temps écoulé pour arriver au même résultat, représentera la résistance des racines.

Les arbres rendent les mêmes services en proportion de la dimension de leurs organes ; la preuve la plus irréfutable de ce fait est la fixation des dunes de sables du littoral de l'Océan au moyen du reboisement en pins maritimes.

§ 2. — M. Vallès (*Etudes sur les inondations*, page 95) cherche à découvrir si par le colmatage « *de grands avantages ne viennent pas compenser quelques inconvénients (des inondations).* » Il cite le Nil comme un exemple. Mais ce qui est bon pour le Nil n'est guère applicable à tous les petits torrents des Alpes et des Cévennes qui couvrent de pierres et de graviers les champs inondés. D'un autre côté, les eaux enlèvent aux montagnes leur seul élément de fertilité pour enrichir des terres déjà fécondes.

Quelques propriétaires gagnent, il est vrai, au fléau qui a dévasté cent communes, mais encore faut-il que la récolte n'en souffre pas ; sans cela le petit cultivateur qui perd le travail d'une année est obligé de vendre son champ, quoique fécondé par le colmatage, pour subvenir à ses besoins pressants et journaliers.

Si les sources des torrents et des fleuves étaient en dehors de la France, on pourrait, sous un certain point de vue, admettre ce principe de compensation ; mais comme le dit M. Jules Clavé (*Etudes sur l'économie forestière*) : « Dépouiller nos mon-
« tagnes du peu de terre végétale qui les recouvre encore, pour
« fertiliser à leurs dépends quelques points privilégiés, ce n'est
« pas autre chose qu'augmenter la richesse des pays riches par
« l'appauvrissement des pays pauvres. »

§ 3. — La construction des barrages, comme remède des inondations, a reçu une auguste sanction de la part de Sa Majesté Napoléon III, dans la lettre qu'il écrivit à ce sujet, le 19 juillet 1856 : « Ce système (celui des barrages) ne peut être efficace
« que s'il est généralisé, c'est-à-dire appliqué aux petits affluents

« des rivières. Il sera peu coûteux si on multiplie les petits bar-
« rages au lieu d'en élever quelques-uns d'un grand relief. »

Voir, au sujet de l'établissement de barrages, un article publié
par M. de Venel, garde général des forêts, dans la *Revue agricole et forestière de Provence*, 1862, page 197, et dans la
Revue des eaux et forêts, novembre 1862.

§ 4. — La preuve la plus victorieuse des effets du reboisement
et du gazonnement par rapport aux torrents, se trouve dans les
résultats des travaux effectués par la commune de Chorges pour
éteindre le torrent des Moulettes. Ce torrent (Voir *Revue agricole et forestière de Provence*, avril 1862, page 85.) entraî-
nait des blocs de 30 à 60 m. c., et menaçait le village d'une destruction certaine. Voici, à ce sujet, ce que dit M. Labussiere,
conservateur des forêts : « A la même époque, cependant, des
« projets de soumission au régime forestier et de reboisement
« étaient mis en avant ; les habitants du bourg, plus directement
« menacés, appuyaient vivement ces propositions que repous-
« saient énergiquement ceux de la montagne. Ceux-ci n'avaient
« rien à craindre des eaux et ne voulaient pas se priver d'un
« pâturage qui devenait chaque jour de moins en moins pro-
« ductif.

« L'intérêt du plus grand nombre l'emporta ; 931 hectares de
« cette montagne furent soumis au régime forestier en 1849.
« Le pâturage y fut interdit d'une manière complète, la surveil-
« lance exercée avec sévérité et des travaux de reboisement
« entrepris....

« La nature a fait les frais du regazonnement qui s'est opéré
« avec une facilité merveilleuse ; l'herbe a envahi jusqu'aux amas
« des pierre, le gazon a gagné les ravins et jusqu'aux rochers de
« la crête.

« Six ans après la mise en défends, le sol avait pris assez de
« consistance pour ne plus se laisser entamer par les pluies.....

« ... En 1851, on a commencé à faucher certaines parties
« divisées en petits lots mis en vente. Le produit a été en
« moyenne de 900 fr. par an...

« Les habitants, désormais mieux éclairés sur leurs véritables
« intérêts, ont consenti à une nouvelle soumission de 138 hec-
« tares faite en 1856. Grâce à l'action combinée du reboisement
« et du gazonnement, ce fougueux torrent des Moulettes, qui
« avait déjoué tous les calculs de la science, est devenu tout à
« fait inoffensif; les habitants, rassurés, sont occupés en ce
« moment à défricher de nouveau les terrains qu'ils avaient été
« obligés d'abandonner, et qui étaient frappés depuis longtemps
« d'une stérilité complète. » (Labussiere, conservateur des
forêts.)

Note F. — SIXIÈME DIALOGUE.

§ 1. — Voir la loi des 28 septembre et 6 octobre 1791. —
Police rurale.

Section IV : Des troupeaux, des clôtures, du parcours et de
la vaine pâture. Articles 4, 5, 6, 10, 12, 13, 15 et 16.

§ 2. — Quant à l'avantage du pâturage direct, on y a renoncé
dans quelques parties des montagnes du Jura : « On s'est aperçu
« que les animaux arrachaient, en paissant, une partie de l'herbe
« et en gâtaient encore plus avec leurs pieds. Le Jura possède
« une espèce particulière de gazons qui couvrent les pentes les
« plus escarpées et qu'on appelle des *prés-bois,* parce qu'ils sont
« entremêlés de bouquets d'arbres. Même sur ces pentes, qui
« n'étaient autrefois que de maigres pacages, on aime mieux au-
« jourd'hui porter la faux, bien qu'elle y recueille une herbe
« courte et rare ; en y transportant du fumier, on les voit s'a-
« méliorer rapidement, au lieu de se détruire sous la dent du
« bétail. Ces progrès méritent d'autant plus l'attention, qu'ils

« coïncident, comme les fruitières, avec une plus grande division
« de la propriété. Dans la partie montagneuse de la Franche-
« Comté, chaque village forme une espèce de république où tout
« était probablement en commun autrefois, et où la terre est
« maintenant partagée en portions à peu près égales. » (*Économie rurale de la France depuis* 1789, par M. L. de La-
vergne.

§ 3. — Voir la loi du 28 juillet 1860, relative à la mise en
valeur des marais et des terres incultes appartenant aux communes ; articles 1, 2, 3, 4, 5, 6, 7, 8, 9.

Voir la loi du 28 juillet 1860, relative au reboisement des
montagnes ; articles 1, 2, 3, 4, 5, 6, 7, 8, 9, 10, 11, 12, 13, 14.

Voir le décret portant réglement d'administration publique,
pour l'exécution de la loi du 28 juillet 1860, sur le reboisement
des montagnes.

Titre Ier, articles 1, 2, 3, 4, 6, 8, 9, 12, 13, 14, 15, 16, 17,
18, 19, 20, 21, 22, 23, 24, 25, 26, 29, 30, 31.

§ 4. — M. François Marie (*Moyen de prévenir les inondations.*) prétend que la suppression des troupeaux *transhumants*
amènerait la disparition des moutons, et par conséquent le renchérissement de la viande.

Nous croyons que l'élève du bétail ne changerait pas dans les
montagnes, et que dans la Crau on créerait des prairies artificielles afin de remplacer la race ovine par la race bovine.

D'autre part, les moutons transhumants engraissés dans les montagnes sont consommés par les habitants des plaines et dès lors
ces derniers, étant seuls intéressés à cet état de choses, devront
prendre des mesures pour se procurer la nourriture de leurs troupeaux. Dans tous les cas, il n'y a aucun motif d'utilité publique
à ce que les montagnes pauvres soient exploitées par les riches
propriétaires de la Crau.

Cette question pourrait d'ailleurs être élucidée par une enquête générale de la plaine et de la montagne, où seraient appelés tous les riverains des chemins et routes fréquentés par ces troupeaux.

A jour fixe, paraissent les troupeaux transhumants de 1,000 à 1,500 bêtes, conduits par deux ou trois bergers, les routes sont obstruées, et les animaux se répandent dans le champ voisin : s'il n'y a personne, les moutons dévorent tout ; si quelqu'un survient, alors les bergers crient, et, en dégageant un champ, dévastent celui du côté opposé. La nuit, c'est pire encore, parce que personne ne peut les surprendre. Si on veut se plaindre, ils allèguent leurs misères ; si on les menace d'un procès-verbal, ils prétendent que c'est une échappée, donnent de faux noms, ou bien, s'il n'y a pas de témoins, passent de la prière aux menaces et en imposent par leurs violences. On peut dire que ces troupeaux sèment leur passage de dégâts et de délits. Pour obvier à cela, il faudrait que les bergers soient soumis au livret ; que chacun d'eux n'eût qu'un petit nombre d'animaux à conduire, et que, sur la traversée de chaque commune, les gardes soient tenus de les surveiller spécialement.

§ 5. — On pourrait croire que le raisonnement du maire est inventé pour les besoins de la cause, et que ces sentiments d'égoïsme n'existent pas chez les habitants.

M. le préfet des Hautes-Alpes (Extrait du rapport de M. Alexandre Lepeintre, préfet, au conseil général.— Reboisement et mise en valeur des terres incultes.) fournit une preuve irréfutable de ce fait au sujet des enquêtes faites dans les Hautes-Alpes pour le reboisement. Voici à ce sujet ce qu'il dit :

« Pendant les opérations de la Commission spéciale, j'annonçai « qu'on allait procéder à l'examen du projet relatif à l'extinction « des torrents du Sapet et du Devezet. Aux termes stricts de « la loi (et l'Administration, je le dis encore, s'est soigneuse- « ment conformée à ses prescriptions), trois communes seulement « figuraient comme intéressées : Ancelle, Saint-Léger et Laba-

« tic-Neuve. Appelés à donner leur avis, les représentants de
« la commune d'Ancelle déclarent formellement voter contre le
« projet. M. le chef de la Commission des reboisements, qui as-
« sistait officieusement à cette séance, sur ma convocation, afin
« d'être à même de fournir les renseignements dont on aurait
« besoin, étonné d'un refus si peu motivé, demande la parole et
» fait observer qu'il s'agit d'un intérêt très-minime pour Ancelle,
« tandis que d'une autre part la Commission a eu en vue de
« préserver toute une vallée. Rien n'y fait ; le vote reste négatif.
« On passe aux représentants de la commune de Saint-Léger :
« Même vote négatif.—Mais, vous n'êtes consultés, leur dit-on,
« que pour un intérêt très-indirect, à cause d'une portion de
« terrain indivise. Veuillez expliquer votre opposition à l'exécu-
« tion d'un projet dont il est impossible de nier l'utilité.—Ré-
« ponse : Le torrent passe bien au-dessous de chez nous et ne
« peut nous faire du mal.— Mais ce petit côteau indivis compris
« dans le périmètre est déjà soumis au régime forestier.—Ré-
« ponse :— Oui : mais l'administration des forêts nous y permet
« le parcours ; ce parcours sera interdit demain, si l'on exécute
« des semis dans le bois dégarni. — Vient le tour des délégués
« de Labatie-Neuve Ceux-ci applaudissent au projet et protes-
« tent énergiquement contre ce qu'ils appellent l'égoïsme de
« leurs voisins ; ils démontrent surabondamment ce qu'il y a
« d'injuste et de cruel à laisser plus longtemps des communes
« entières, situées en aval, exposées à des désastres journaliers,
« lorsque, en réalité, on ne cause aucun dommage appréciable à
« Ancelle et à Saint-Léger. — Les efforts des délégués de La-
« batie sont impuissants à obtenir la moindre concession. Ils
« étaient deux contre quatre, et la majorité n'est acquise au
« projet que par l'appui que leur prête le conseiller général, le
« conseiller d'arrondissement et les autres membres permanents
« de la Commission. »

Ailleurs, M. le préfet cite une lettre de M. Vicaire, directeur

général des forêts, en date du 1er août 1862, ainsi conçue : « Le
« pâturage forme souvent, dans les hautes montagnes, l'unique
« ressource des habitants. L'administration ne l'ignore pas, et
« vous n'avez pas trop présumé de ses dispositions, monsieur le
« préfet, en annonçant, comme vous avez bien voulu le faire,
« que, vivement préoccupé des intérêts des communes, elle pro-
« cédera progressivement et avec tous les ménagements que
« comporte le but si important à atteindre.

...... « Pour faciliter la transition de l'état de choses actuel
« au régime nouveau, nous nous montrerons aussi larges que
« possible dans la désignation des cantons de bois à ouvrir
« chaque année au parcours. »

Dans le même rapport, M. le Préfet, faisant connaître les
communes qui désirent le reboisement s'exprime ainsi : « Dans
« une réunion que je présidais, il y quelques jours, et au mo-
« ment où je m'entretenais d'affaires diverses, un maire a pris
« la parole pour dire : « Ce que je demande, moi, c'est le reboi-
« sement de la montagne ; sans cela, notre plaine si bien cul-
« tivée est perdue. » Et comme je l'interrogeais sur les disposi-
« tions probables de son conseil municipal : « Il y aura quelques
« opposants, a-t-il répondu, mais la majorité marchera à ma voix,
« parce que, ce que je demande, c'est le salut du pays, tous les
« gens de la commune le savent bien. » Hier, dans un autre
« canton, où j'étais accompagné de M. l'inspecteur des forêts,
« c'est un autre magistrat municipal qui s'exprimait ainsi :
« Monsieur l'inspecteur, nous avons droit à une coupe dans tel
« quartier ; ne nous la faites pas délivrer ; en outre, veuillez
« faire reboiser tel autre quartier, autrement tout le bourg ne
« tardera pas à être englouti. » Celui-là recevait les félicitations
« de ses collègues, parce que sa commune est convenablement
« boisée.

Je ne puis résister au désir de mentionner, entre autres péti-
« tions, celle ci-après, des habitants du hameau de l'Échalp,

« commune de Ristolas en Queyras : « Monsieur l'inspecteur, les
« soussignés ont l'honneur de recourir à votre haute et bienveil-
« lante impartialité pour une affaire des plus importantes à la
« conservation de leurs maisons et de leur village.

« Depuis quelques années, l'administration forestière délivre
« des coupes dans la forêt dite de Pra-Roussin, située au-dessus
« du village de l'Echalp, forêt *réservée de temps immémorial*,
« c'est-à-dire conservée comme un bois *sacré* destiné à nous
« préserver des avalanches.

« Avant 1861, nous avions toujours porté, avec regret, la
« hache dans cette antique et vénérée forêt; mais depuis les
« désastres opérés par les avalanches le mois de février de l'an
« dernier, nous croirions nous suicider, nous donner volontai-
« rement la mort à nous-mêmes en exploitant encore des coupes
« dans l'endroit de la forêt où a été fait le dernier martelage
« endroit dont le dénudement deviendrait le point de départ du
« fléau dévastateur : les impitoyables avalanches. »

Malgré la quantité des citations extraites de ce remarquable
rapport de M. le préfet des Hautes-Alpes, nous ne pouvons
résister au désir de faire connaître la déclaration du Conseil
d'arrondissement d'Embrun au sujet de l'élève des moutons :

« Ce Conseil d'arrondissement l'a dit l'an passé : Le reboise-
« ment dans les Alpes est une mesure utile et urgente ; en effet,
« depuis longues années, l'abus des pâturages a toujours été
« croissant, et cet abus, il faut le reconnaître, ne profite pas
« toujours à la généralité des habitants d'une commune ; le plus
« souvent, c'est un nombre assez restreint d'habitants les plus
« aisés qui en retire avantage, et cela encore au plus grand
« dommage des propriétés particulières ; car le pâturage sur la
« montagne est précédé au printemps et suivi en automne du
« pâturage dans les communaux qui entourent les terrains parti .
« culiers, et ce n'est jamais impunément qu'il s'y exerce, les

« nombreuses actions en dommage qui ont lieu chaque année le
« démontrent péremptoirement. »

Et à ce sujet, M. le préfet dit : « Mais enfin, quand on a la
« conscience de proclamer une vérité utile, c'est un devoir de
« parler hautement, dût-on provoquer quelques mécontentements
« part'els. Eh bien, n'est-ce pas un fait avéré que très-souvent
« l'usage et l'abus du parcours, revendiqués si bruyamment au
« nom de tous, ne profitent en réalité qu'à un certain nombre
« de possesseurs de troupeaux, et ce ne sont pas naturellement
« les plus pauvres. »

Note G. — SEPTIÈME DIALOGUE.

§ 1. — Les vents dominant en Provence sont ceux du Nord-
Ouest, Nord et Nord-Est, et les bois peuvent en garantir, parce
qu'étant produits par *aspiration*, ils se font sentir dans la partie
inférieure de l'atmosphère et rasent le sol. Ils amènent en général le froid et sont par conséquent nuisibles à l'agriculture.

D'après M. de Gasparin, une haie de 2 m. de hauteur, suffit
pour défendre 22 métres de terrain de l'action du mistral.

M. Baude de l'Institut (*Les Côtes de la Manche*) cite, au
sujet des vents, le propriétaire du château de Beaumont (Dau-
phiné), qui a planté tout à côté, sur l'arête de la presqu'ile, un
bois de 50 hectares. Il porte, dit-il, les traces du combat qu'il
soutient contre les vents, mais la victoire n'en est que mieux
constatée. Le rang d'arbres qui reçoit le premier choc du vent
du nord est bas et rabougris ; le second dépasse et forme, avec
ceux qui suivent, un talus de feuillage au sommet duquel la végétation prend son niveau régulier. (*Revue des Deux-Mondes*
du 15 janvier 1859).

§. 2. — Les gens à exagération combattent le reboisement
des montagnes en le représentant comme une atteinte à l'étendue

des cultures et comme une cause de débordement. A cet effet, ils citent l'exemple de l'ancienne Gaule qui, jadis couverte de forêts, était presque submergée en tous temps. On est bien éloigné de vouloir revenir à cette époque où les bois, couvrant alors la plus grande partie des plaines, rallentissaient l'écoulement des eaux ; les rivières coulaient alors constamment à pleins bords et débordaient après chaque pluie.

Actuellement on cherche à reboiser les montagnes, afin de ralentir l'écoulement des eaux et de prévenir ainsi les crues subites et inondantes. Les excès ont les mêmes conséquences dangereuses, puisque la trop grande étendue des bois en plaine, et le trop grand déboisement en montagne occasionnent les mêmes désastres.

L'excès du reboisement des montagnes, quoique n'ayant pas les mêmes inconvénients, n'est pas encore à redouter, attendu que l'indispensable est encore à faire.

§ 3. — Voir, au sujet des dangers du déboisement, Blanqui (*Du Déboisement des montagnes*) et M. de Ribbes (*La Provence au point de vue des bois, des torrents et des inondations avant et après* 1789).

Note II. — HUITIÈME DIALOGUE.

§ 1. — Dans les terrains les plus secs et les plus ingrats, l'ailante est la seule essence à employer. Jusqu'à ce jour, il a prospéré dans les terrains où rien ne réussissait. Ses racines tracent à la surface du sol, drageonnent beaucoup et à une grande distance; quoique préférant les terres légères, il ne redoute que les sols trop compacts. Sa croissance rapide lui permet d'acquérir bientôt de belles dimensions et sa durée moyenne est de 100 ans environs. Il ne craint pas les gelées, résiste très-bien à la chaleur et aux sécheresses, et prospère sous le couvert des arbres voisins.

Peu sujet aux attaques des insectes; il est en général respecté des moutons (1). Cette particularité le rend précieux pour le repeuplement des terrains à parcours. Ses racines retenant bien les terres, il peut être employé avec succès pour le reboisement des pentes rapides dans le Midi.

En somme, cet arbre permet de mettre en valeur les terrains les plus ingrats et les plus stériles, son bois peut s'employer aux travaux de menuiserie, d'ébénisterie et de charonnage ; Il donne également un bon chauffage. Les semis et surtout les plantations d'ailante réussissent presque toujours.

§ 2. — Les particuliers qui voudront reboiser auront toujours un grand avantage à semer des essences répandues dans le pays et connues des ouvriers employés, ce qui assurera la bonne exécution et la réussite des travaux. D'ailleurs, comme on ne peut pas indiquer toutes les règles pour les semis et plantations, il sera prudent de consulter les agents forestiers pour les travaux importants.

Toutefois on trouvera tous les renseignements et indications nécessaires à ce sujet dans le cours *Cours élémentaire de culture des bois* de M. Parade, conservateur des forêts et directeur de l'Ecole forestière.

(1) Ce fait n'est pas encore rigoureusement établi, attendu qu'on a vu des moutons en manger, tandis que d'autres paraissaient éprouver de la répugnance pour l'odeur de ses feuilles. Les chèvres le mangent sans difficulté.

TABLE DES MATIÈRES

—